Peddireddy Laxshmi Narasimha Reddy

Seleção de fungos do solo de importância biotecnológica de diferentes tipos

Peddireddy Laxshmi Narasimha Reddy

Seleção de fungos do solo de importância biotecnológica de diferentes tipos

ScienciaScripts

Imprint
Any brand names and product names mentioned in this book are subject to trademark, brand or patent protection and are trademarks or registered trademarks of their respective holders. The use of brand names, product names, common names, trade names, product descriptions etc. even without a particular marking in this work is in no way to be construed to mean that such names may be regarded as unrestricted in respect of trademark and brand protection legislation and could thus be used by anyone.

Cover image: www.ingimage.com

This book is a translation from the original published under ISBN 978-3-659-86400-1.

Publisher:
Sciencia Scripts
is a trademark of
Dodo Books Indian Ocean Ltd. and OmniScriptum S.R.L publishing group

120 High Road, East Finchley, London, N2 9ED, United Kingdom
Str. Armeneasca 28/1, office 1, Chisinau MD-2012, Republic of Moldova, Europe
Managing Directors: Ieva Konstantinova, Victoria Ursu
info@omniscriptum.com

Printed at: see last page
ISBN: 978-620-8-52386-2

Conteúdo

Capítulo - 1

INTRODUÇÃO

O solo é referido como partículas de rocha quebrada que foram alteradas por processos químicos e mecânicos do regolito, ou material rochoso solto que influencia e foi influenciado pela planta.

O estudo do solo está intimamente ligado à nossa necessidade urgente de fornecer alimentos e forragens, e as civilizações humanas prosperaram ou declinaram em função da disponibilidade e produtividade dos solos. A formação do solo, ou pedogénese, é o efeito combinado de processos físicos, químicos, biológicos e antropogénicos no material de origem do solo. A génese do solo envolve processos que desenvolvem camadas ou horizontes no perfil do solo. Estes processos envolvem adições, perdas, transformações e translocações de materiais que compõem o solo. Os minerais derivados de rochas intemperizadas sofrem alterações que causam a formação de minerais secundários e outros compostos que são variavelmente solúveis em água. Estes constituintes são deslocados de uma área do solo para outras áreas pela água e pela atividade animal. A alteração e o movimento dos materiais no solo provocam a formação de horizontes distintos no solo.

O solo é alterado a partir da sua rocha-mãe devido a interações entre plantas, animais e a natureza. É constituído por camadas de espessura variável que diferem do material de origem na sua textura, estrutura, consistência, cor, química, entre a litosfera, a hidrosfera, a atmosfera e a biosfera. (Chesworth, 2008). É uma mistura de materiais minerais e orgânicos que se encontram nos estados sólido, gasoso e aquoso. (Voroney, 2006). O solo é geralmente referido como a superfície da terra e pode ser considerado como uma mistura de sólidos, água e ar (Taylor e Ashcroft, 1972). Um solo de boa qualidade possui 45% de minerais, 25% de água, 25% de ar e 5% de matéria orgânica, tanto viva como morta.

Um perfil de solo é constituído por duas ou mais camadas, denominadas horizontes, que diferem numa ou mais propriedades, como a textura, a estrutura, a cor, a porosidade, a consistência e a reação. Os horizontes diferem muito em espessura e, geralmente, não têm limites nítidos. A maioria dos perfis de solo inclui três horizontes principais A, B e C. Os horizontes A e B são designados por solum ou solo verdadeiro, uma vez que a maior parte da atividade química e biológica que alterou o solo tem lugar nestes dois perfis.

Atribui-se ao historiador grego Xenofonte (450-355 a.C.) o mérito de ter sido o primeiro a expor os méritos das culturas de sequeiro, mas, de facto, as ervas daninhas que se encontram no solo, ao serem transformadas em terra, enriquecem o solo tanto quanto o estrume.

thA base química dos nutrientes fornecidos ao solo pelo estrume foi realçada durante o século XX. A interação dinâmica entre o solo e as suas formas de vida permitiu saber que o azoto era essencial para o crescimento e, em 1880, a presença de bactérias *Rhizobium* nas raízes das leguminosas explicou o aumento do azoto nos solos assim cultivados. A importância das formas de vida no solo, a rotação de culturas, a mecanização, os fertilizantes químicos e naturais levaram a uma duplicação da produção de trigo na Europa Ocidental entre 1800 e 1900 d.C.

O ciclo de vida do solo é influenciado por cinco factores de formação do solo, nomeadamente o material de origem, o clima, a topografia, os organismos e a passagem do tempo. O desenvolvimento do solo começaria a partir de rocha nua de escoadas recentes em regiões quentes sob chuva intensa e muito frequente. Nestes climas, as plantas estabelecem-se muito rapidamente na lava basáltica, apesar de haver muito pouca matéria orgânica. As plantas são sustentadas pela rocha porosa, que se enche de água com nutrientes que transporta os minerais dissolvidos nas rochas. As fendas e as bolsas, topografia local das rochas, retêm materiais finos e abrigam as raízes das plantas. As raízes das plantas em desenvolvimento estão associadas a fungos micorrízicos (Van Scholl, 2006) que gradualmente quebram a lava porosa e, por este meio, a matéria orgânica e um solo mineral mais fino acumulam-se com o tempo.

O material a partir do qual o solo se forma é designado por material de origem, que inclui rochas primárias intemperizadas, material transportado de outros locais, nomeadamente coluviões e aluviões, depósitos já presentes mas misturados ou alterados de outras formas, formações antigas de solo, material orgânico e materiais antropogénicos, como resíduos de minas. Os solos encontrados em planaltos, planícies e planaltos são solos residuais. A maioria dos solos deriva de materiais de origem transportados que foram deslocados muitos quilómetros pelo vento, pela água e pela gravidade. Os processos eólicos são capazes de deslocar areia fina e silte muitas centenas de quilómetros, formando solos de loess (60-90% de silte). A argila raramente é deslocada pelo vento, uma vez que forma agregados estáveis. Material transportado pela água, nomeadamente aluvial, lacustre ou marinho. Os materiais aluviais são os que são movidos e depositados pela água corrente. Os depósitos sedimentares acumulados em depressões causadas por glaciares são chamados lacustres. O Lago Bonneville e muitos solos à volta dos Grandes Lagos são exemplos disso.

O gelo move o material de origem e cria depósitos sob a forma de morenas terminais e laterais no caso de glaciares estacionários. O recuo dos glaciares deixa morenas mais suaves e, em todos os casos, são deixadas planícies de afloramento à medida que os depósitos aluviais são deslocados para além e a jusante do glaciar. O material de origem movido pela gravidade é evidente na base de encostas íngremes sob a forma de cones de tálus e é designado por material coluvial. O material de origem cumuloso inclui turfas e lamas e pode desenvolver-se no local a partir de resíduos vegetais que foram preservados pelo baixo teor de oxigénio de um lençol freático elevado. A meteorização do material de origem assume a forma de desintegração física e decomposição química.

A meteorização física, a primeira fase da transformação do material de origem em material do solo, pode resultar do congelamento da água absorvida, causando a fratura física do material, enquanto os gradientes de temperatura podem causar a esfoliação de camadas de rocha. Os ciclos de humedecimento e secagem provocam a trituração das partículas do solo, bem como a fricção física do material pelo vento, pela água e pela gravidade. Os organismos, como resultado das raízes das plantas ou da escavação por animais, também reduzem o tamanho do material de origem.

Nos solos formados a partir de rochas, pode formar-se uma camada espessa de material intemperizado denominado saprolito. O saprolito é o resultado de processos de meteorização que incluem: hidrólise, quelação de compostos orgânicos, hidratação e processos físicos que incluem congelação e descongelação. A composição mineralógica e química do material rochoso primário, as suas caraterísticas físicas, incluindo a dimensão dos grãos e o grau de consolidação, para além da taxa e do tipo de meteorização, transformam o material de origem nos diferentes componentes minerais dos solos. A textura, o pH e os constituintes minerais são herdados por um solo do seu material de origem.

A formação do solo depende muito do clima. Os solos apresentam caraterísticas distintivas das zonas climáticas em que se formam. (Gove Hambidge, 2004). A temperatura e a humidade afectam a taxa de meteorização e lixiviação. O vento move a areia e as partículas mais pequenas, especialmente em regiões áridas onde há pouca cobertura vegetal, para além da quantidade de precipitação e das variações de temperatura sazonais e diárias, dos ciclos de congelação e descongelação.

A topografia ou relevo caracterizado pela inclinação da superfície determina a taxa de escoamento da precipitação e a taxa de formação e erosão dos perfis superficiais do solo. Os declives acentuados permitem o escoamento rápido e a erosão dos perfis superiores do solo e pouca deposição de minerais nos perfis inferiores. As depressões permitem a acumulação de água, minerais e matéria orgânica, resultando em pântanos salinos ou turfeiras. A topografia intermédia oferece as melhores condições para a formação de um solo produtivo para a agricultura.

A biologia do solo refere-se aos muitos tipos de organismos, para além das raízes das plantas, que vivem no solo - incluindo bactérias do solo, fungos e fauna variada, como insectos, nemátodos, protozoários e minhocas. A maioria dos micróbios tem uma função relativamente neutra, mas alguns são prejudiciais (agentes patogénicos) enquanto outros são benéficos (fungos micorrízicos). É necessário ter matéria orgânica suficiente no solo para manter populações elevadas destes micróbios.

Os fungos do solo também podem ser antagonistas, cicladores de nutrientes e patogénicos. Os fungos antagonistas, como as espécies de *Trichoderma*, são conhecidos por suprimirem as infecções radiculares causadas por fungos patogénicos. Os fungos patogénicos são bem conhecidos dos agricultores devido aos danos que causam às plantas cultivadas e às perdas económicas. Muitas vezes, os produtores sofrem danos tão graves causados por fungos e nemátodos patogénicos transmitidos pelo solo que optam por fumigar os solos para se livrarem dos agentes patogénicos. É claro que a fumigação destrói o equilíbrio que procuramos ao construir um solo saudável. Alguns acreditam que se o solo é realmente saudável em todos os aspectos, então os agentes patogénicos não são capazes de causar muitos danos. No entanto, isso não será certamente verdade para alguns agentes patogénicos.

As plantas, os animais, os fungos, as bactérias e os seres humanos afectam a formação do solo. Os animais e os microrganismos misturam os solos ao formarem tocas e poros, permitindo o movimento da humidade e dos gases. As raízes das plantas abrem canais nos solos com raízes axiais profundas que penetram muitos metros através das diferentes camadas do solo e trazem nutrientes das camadas mais profundas do perfil. As plantas com raízes fibrosas que se estendem perto da superfície do solo têm raízes que se decompõem facilmente, acrescentando matéria orgânica. Os microrganismos, incluindo fungos e bactérias, afectam as trocas químicas entre as raízes e o solo e actuam como uma reserva de nutrientes. O homem pode afetar a formação do solo removendo o coberto vegetal, o que acaba por provocar a erosão do solo. Podem também misturar as diferentes camadas do solo, reiniciando o processo de formação do solo à medida que o material menos desgastado é misturado com as camadas superiores mais desenvolvidas. Alguns solos podem conter até um milhão de espécies de micróbios por grama, sendo a maioria dessas espécies desconhecidas, o que faz do solo o ecossistema mais abundante da Terra. (Copley Jon, 2005)

O impacto importante da vegetação no solo consiste em evitar a erosão, manter o solo mais fresco e retardar a evaporação da humidade do solo ou, pelo contrário, através da transpiração, as plantas podem fazer com que os solos percam humidade. As plantas ajudam na construção de novas partículas de solo, formando substâncias químicas úteis. O tipo e a quantidade de vegetação dependem do clima, da topografia do terreno, de factores biológicos, das caraterísticas do solo e de factores biológicos. Os factores do solo como a densidade, a profundidade, a química, o pH, a temperatura e a humidade afectam grandemente o tipo de plantas que podem crescer num determinado local. Os detritos das plantas caem à superfície do solo e decompõem-se, sendo que os organismos se alimentam e misturam os materiais orgânicos com as camadas superiores do solo; também ajudam na formação do solo.

Os microrganismos, colonizadores pioneiros da Terra, têm vindo a evoluir há quase quatro mil milhões de anos. São capazes de explorar uma vasta gama de fontes de energia e de prosperar em quase todos os habitats. Além disso, os microrganismos foram a única forma de vida durante dois mil milhões de anos. Embora vários ecossistemas tenham sido explorados em busca de microrganismos, a maior parte deles ainda não foi descoberta e o nosso conhecimento da verdadeira diversidade microbiana é limitado.

A diversidade microbiana é um termo geral utilizado para incluir a diversidade genética, ou seja, a quantidade e a distribuição da informação genética nas espécies microbianas; a diversidade de espécies de bactérias e de fungos na contaminação microbiana e a diversidade ecológica, ou seja, a variação na estrutura da comunidade, a complexidade das interações, o número de níveis tróficos e o número de guildas. Neste caso, consideramos que a diversidade microbiana inclui simplesmente o número de diferentes espécies de fungos e bactérias e a sua abundância relativa na microflora do solo. As equações utilizadas para calcular a riqueza e a regularidade das espécies e os índices de diversidade, que combinam a riqueza e a regularidade, foram discutidas por Kennedy e Smith (1995).

A formação do solo é um processo que responde ao tempo e depende da interação de outros factores. São necessários cerca de 800 a 1000 anos para que uma camada de solo fértil com 2,5 cm de espessura se forme na natureza. Os factores de formação do solo continuam a afetar os solos durante a sua existência, mesmo em paisagens estáveis de longa duração, algumas durante milhões de anos. Os materiais são depositados no topo e os materiais são soprados ou lavados da superfície. Com adições, remoções e alterações, os solos estão sempre sujeitos a novas condições. As alterações, lentas ou rápidas, dependem do clima, da posição da paisagem e da atividade biológica.

As propriedades físicas dos solos são a sua textura, estrutura, densidade, porosidade, consistência, temperatura e cor, e determinam a disponibilidade de oxigénio no solo e a capacidade da água para se infiltrar e ser retida no solo. A textura do solo, caracterizada pelas diferentes partículas do solo, areia, silte e argila, em proporções relativas, é criada a partir da separação de óxidos de ferro, carbonatos, argila e sílica com o constituinte orgânico húmus, que reveste as partículas e as faz aderir em estruturas secundárias relativamente estáveis, designadas *por peds*. A densidade do solo, particularmente a densidade aparente, é uma medida da compactação do solo. A porosidade do solo consiste na parte do volume ocupada por ar e água.

Os componentes minerais do solo são constituídos por uma mistura de areia, silte e argila. No triângulo de classificação textural ilustrado, o único solo que não apresenta predominantemente um destes componentes é designado por argila. Embora mesmo a areia pura, o silte ou a argila possam ser considerados um solo, do ponto de vista da produção alimentar, um solo franco com uma pequena quantidade de matéria orgânica é considerado ideal. Os constituintes minerais de um solo franco podem ser 40% de areia, 40% de silte e os restantes 20% de argila, em peso. A textura do solo afecta o seu comportamento, incluindo a capacidade de retenção de nutrientes e água (Brown, 2003). (Quando a componente orgânica de um solo é substancial, o solo é designado por solo orgânico em vez de solo mineral. Os limites são os seguintes:

A fração mineral é de 0% a 50% de argila e a matéria orgânica é de 20% a 30%. A agregação da areia, silte e argila do solo forma unidades maiores. É causada pela adesão dessas partículas em agregados maiores (peds) por substâncias orgânicas, óxidos de ferro, carbonatos, argilas e sílica, e pela quebra dos agregados devido à expansão e contração dos ciclos de congelamento e descongelamento, humedecimento e secagem do solo. Estes peds evoluem para unidades que podem ter várias formas, tamanhos e graus de desenvolvimento. Um torrão de solo não é um ped, mas sim uma massa de solo resultante da lavoura. A estrutura do solo afecta o arejamento, o movimento da água, a resistência à erosão e o crescimento das raízes das plantas.

A estrutura do solo dá frequentemente pistas sobre a textura, o teor de matéria orgânica, a atividade biológica, a evolução passada do solo, a utilização humana e as condições químicas e mineralógicas em que o solo se formou. Embora a textura, definida pela componente mineral de um solo, seja uma propriedade inata do solo e não se altere com as actividades agrícolas, a estrutura do solo pode ser melhorada ou destruída pela nossa escolha e pelo momento em que as práticas agrícolas são aplicadas.

Classificação estrutural do solo

1 . Tipos: Com base na forma e disposição dos peds, o solo é classificado da seguinte forma:

a. Platy: As sementes são achatadas umas sobre as outras com 1-10 mm de espessura. Encontrado no horizonte A de solos florestais e sedimentação de lagos.

b. Prismáticas e Colunares: As sementes prismáticas são longas na dimensão vertical, com 10-100 mm de largura. Pedras prismáticas têm topos planos, peds colunares têm topos arredondados. Tendem a formar-se no horizonte B em solos com alto teor de sódio, onde a argila se acumulou.

c. Angulares e subangulares: Os blocos são cubos imperfeitos, com 5-50 mm, angulares, com arestas vivas, e subangulares com arestas arredondadas. Tendem a formar-se no horizonte B onde a argila se acumulou e indicam uma fraca penetração da água.

d. Granular e Crumb: Pedras esferoidais de poliedros, 1-10 mm, frequentemente encontradas no horizonte A na presença de material orgânico. Os pedregulhos de migalhas são mais porosos e são considerados ideais.

2 Classes: Dependem do tamanho dos peões, cuja gama depende do tipo acima referido

a. Muito finas ou muito finas: <1 mm plaqueadas e esféricas; <5 mm em blocos; <10 mm prismáticas.

b. Fina ou fina: 1-2 mm plana e esférica; 5-10 mm em blocos; 10-20 mm prismática.

c. Média: 2-5 mm plana, granular; 10-20 mm em blocos; 20-50 prismática.

d. Grosseiro ou espesso: 5-10 mm plaqueado, granular; 20-50 mm em blocos; 50-100 mm prismático.

e. Muito grosseiro ou muito espesso: >10 mm plaqueado, granular; >50 mm em blocos; >100 mm prismático.

3. Grades: É uma medida do grau de cimentação dentro dos peds que resulta na sua força e estabilidade.

a. Fraca: A cimentação fraca permite que os pedregulhos se desfaçam nos três constituintes de areia, silte e argila.

b. Moderado: Os peds não são distintos no solo não perturbado mas, quando removidos, partem-se em agregados, alguns agregados partidos e pouco material não agregado. Esta situação é considerada ideal.

c. Resistente: Os pézinhos são distintos antes de serem retirados do perfil e não se partem facilmente.

d. Sem estrutura: O solo está totalmente cimentado numa grande massa, como as placas de argila, ou não tem qualquer cimentação, como a areia.

A densidade é o peso por unidade de volume de um objeto. A densidade das partículas é a densidade das partículas minerais que constituem um solo, *ou seja,* excluindo o espaço poroso e a matéria orgânica. A densidade média das partículas é de aproximadamente 2,65 g/cc. A densidade aparente do solo, um peso seco, inclui o espaço de ar e os materiais orgânicos do volume do solo. Uma densidade aparente elevada indica quer a compactação do solo quer um elevado teor de areia. A densidade aparente da argila cultivada é de cerca de 1,1 a 1,4 g/cc (para comparação, a água é 1,0 g/cc). Uma densidade aparente mais baixa, por si só, não indica uma aptidão para o crescimento das plantas, devido à influência da textura e da estrutura do solo.

O espaço poroso é a parte do volume a granel não ocupada por matéria mineral ou orgânica, mas é um espaço aberto ocupado por ar ou água. O espaço aéreo é necessário para fornecer oxigénio aos organismos que decompõem a matéria orgânica, o húmus e as raízes das plantas. O espaço poroso permite o movimento e o armazenamento de água e de nutrientes dissolvidos.

Categorias de poros:

Poros grossos:	0,2 mm -200 microns,
Poros médios:	200-20 microns,
Poros finos:	20-2 microns,
Poros muito finos:	< 2 microns.

Quando o espaço poroso é inferior a 30 microns, as forças de atração que mantêm a água no local são maiores do que as que actuam para drenar a água. Nessa altura, o solo fica encharcado e não consegue respirar. Para uma planta em crescimento, o tamanho dos poros é de maior importância do que o espaço total de poros. Uma argila de textura média fornece o equilíbrio ideal de tamanhos de poros. Ter grandes espaços porosos que permitem um rápido movimento do ar e da água é superior à percentagem total de espaço poroso.

A consistência é a capacidade do solo para se manter unido e resistir à fragmentação. É útil na previsão de problemas de cultivo e na engenharia de fundações. A consistência é medida em três condições de humidade: seco ao ar, húmido e molhado. As medidas de consistência são quase subjectivas, uma vez que utilizam a sensação do solo nesses estados. A resistência de um solo à fragmentação e ao desmoronamento é feita no estado seco, esfregando a amostra. A sua resistência às forças de cisalhamento é feita no estado húmido através da pressão do polegar e dos dedos. Finalmente, a plasticidade do solo é medida no estado húmido, moldando-o com a mão.

Os termos utilizados para descrever o solo nestes três estados de humidade e num último estado sem valor agrícola são os seguintes

a. Consistência do solo seco: solto, mole, duro, extremamente duro.

b. Consistência do solo húmido: solto, friável, firme e extremamente firme.

c. Consistência do solo húmido: não pegajoso, pegajoso ou não plástico, plástico

d. Consistência do solo cimentado: fracamente cimentado, indurado (cimentado)

A consistência do solo é útil para estimar a capacidade do solo para suportar edifícios e estradas. Medidas mais precisas da resistência do solo são frequentemente efectuadas antes da construção.

A temperatura do solo regula a germinação, o crescimento das raízes e a disponibilidade de nutrientes. Varia desde o permafrost a alguns centímetros abaixo da superfície até 38° C (100^0 F) no Hawaii num dia quente. A cor da cobertura do solo e a sua capacidade de isolamento têm uma forte influência na temperatura do solo. A cobertura de neve e a cobertura vegetal pesada reflectem a luz e retardam o aquecimento do solo, mas ao mesmo tempo reduzem as flutuações da temperatura à superfície. Abaixo dos 50 cm, a temperatura do solo raramente se altera e pode ser aproximada adicionando $1{,}8^0$ C (2^0 F) à temperatura média anual do ar. A cor do solo, embora facilmente percetível, tem pouca utilidade na previsão das caraterísticas do solo. É útil para distinguir limites, como indicação de humidade e condições de alagamento, e como meio qualitativo de medir o conteúdo orgânico e salino dos solos.

A cor do solo é influenciada principalmente pela mineralogia do solo. Muitas cores do solo são devidas a vários minerais de ferro. O desenvolvimento e a distribuição da cor num perfil de solo resultam da meteorização química e biológica, especialmente das reacções redox. À medida que os minerais primários do material de base do solo se desgastam, os elementos combinam-se em compostos novos e coloridos. O ferro forma minerais secundários de cor amarela ou vermelha, a matéria orgânica decompõe-se em compostos negros e castanhos e o manganês, o enxofre e o azoto podem formar depósitos minerais negros. Estes pigmentos podem produzir vários padrões de cor num solo. As condições aeróbicas produzem mudanças de cor uniformes ou graduais, enquanto os ambientes redutores (anaeróbicos) resultam num fluxo de cor interrompido com padrões complexos e mosqueados e pontos de concentração de cor.

A resistividade do solo é uma medida da capacidade do solo para retardar a condução de uma corrente eléctrica. A resistividade eléctrica do solo pode afetar a taxa de corrosão galvânica das estruturas metálicas em contacto com o solo. Um maior teor de humidade ou uma maior concentração de electrólitos pode diminuir a resistividade e aumentar a condutividade, aumentando assim a taxa de corrosão. Os valores da resistividade do solo variam normalmente entre cerca de 2 e 1000 Ω m, mas não são invulgares valores mais extremos.

As camadas horizontais do solo, cujas caraterísticas físicas, composição e idade são distintas das que se encontram por cima e por baixo, são designadas por horizontes do solo. A designação dos horizontes baseia-se no tipo de material de que são compostos; estes materiais reflectem a duração de processos específicos na formação do solo. Os horizontes são rotulados através de uma notação manual curta de letras e números (Retallack, 1990). São descritos e classificados pela sua cor, tamanho, textura, estrutura, consistência, quantidade de raízes, pH, vazios, caraterísticas dos limites e presença de nódulos ou concreções (Buol, 1990). Poucos perfis de solo têm todos os horizontes principais; os solos podem ter poucos ou muitos horizontes.

A exposição do material de origem a condições favoráveis produz solos minerais que são marginalmente adequados para o crescimento das plantas. O crescimento das plantas resulta frequentemente na acumulação de resíduos orgânicos. A camada orgânica acumulada, designada por horizonte O, produz um solo mais ativo devido ao efeito dos organismos que nele vivem. Os organismos biológicos colonizam e decompõem os materiais orgânicos, disponibilizando nutrientes a partir dos quais outras plantas e animais podem viver. Após tempo suficiente, o húmus é depositado numa camada superficial orgânica distinta, denominada horizonte A.

O solo é classificado em categorias para compreender as relações entre os diferentes solos e para determinar a utilidade de um solo para uma determinada utilização. Um dos primeiros sistemas de classificação foi desenvolvido pelo cientista russo Dokuchaev por volta de 1880. Foi modificado várias vezes por investigadores americanos e europeus, tendo-se transformado no sistema habitualmente utilizado até à década de 1960. Na década de 1960, começou a surgir um sistema de classificação diferente, que se centrava na morfologia do solo em vez dos materiais de origem e dos factores de formação do solo. Desde então, sofreu novas alterações.

Nos Estados Unidos, as ordens de solos são o nível hierárquico mais elevado de classificação dos solos no sistema de classificação da taxonomia dos solos do USDA. Os nomes das ordens terminam com o sufixo - sol.

Existem 12 ordens de solos na Taxonomia dos Solos:

Entisol - solos recentemente formados que não possuem horizontes bem desenvolvidos. Encontram-se normalmente em sedimentos não consolidados como a areia, alguns têm um horizonte A no topo da rocha.

Vertisol - solos invertidos. Tendem a inchar quando molhados e a encolher quando secam, formando frequentemente fendas profundas nas quais as camadas superficiais podem cair.

Inceptisol - solos jovens. Têm formação de horizontes subsuperficiais mas apresentam poucas eluviões e iluviões.

Aridisol - solos secos que se formam em condições desérticas. Incluem quase 20% dos solos da Terra. A formação do solo é lenta e a matéria orgânica acumulada é escassa. Podem ter zonas sub-superficiais (horizontes cálcicos) onde se acumularam carbonatos de cálcio provenientes da água de percolação. Muitos solos áridos têm horizontes Bt bem desenvolvidos, mostrando movimento de argila de períodos passados de maior humidade.

Mollisol - solos moles com horizontes muito espessos.

Espodossolo - solos produzidos por podsolização. São solos típicos de florestas de coníferas e caducifólias em climas mais frios.

Alfisol - solos com alumínio e ferro. Têm horizontes de acumulação de argila e formam-se onde há humidade e calor suficientes para, pelo menos, três meses de crescimento das plantas.

Ultisol - solos que são fortemente lixiviados.

Oxisol-solo com elevado teor de óxidos.

Histosol - solos orgânicos.

Andisols - solos vulcânicos, que tendem a ter um elevado teor de vidro.

Gelisols - solos de permafrost.

A matéria orgânica do solo inclui todo o material vegetal morto e todas as criaturas vivas e mortas. A componente viva de um acre de solo pode conter 900 libras de minhocas, 2400 libras de fungos, 1500 libras de bactérias, 133 libras de protozoários, 890 libras de artrópodes e algas (Pimentelet *al.*, 1995).

A maioria dos seres vivos no solo, incluindo plantas, insectos, bactérias e fungos, depende da matéria orgânica para obter nutrientes e energia. Os solos têm vários compostos orgânicos em diferentes graus de decomposição. A matéria orgânica mantém os solos abertos, permitindo a infiltração de ar e água e pode conter até o dobro do seu peso em água. Muitos solos, incluindo os desérticos e os de cascalho rochoso, têm pouca ou nenhuma matéria orgânica. Os solos que são todos compostos por matéria orgânica, como a turfa (histossolos), são inférteis. Na sua fase inicial de decomposição, a matéria orgânica original é frequentemente designada por matéria orgânica bruta. A fase final de decomposição é designada por húmus.

O húmus refere-se à matéria orgânica que foi decomposta por bactérias, fungos e protozoários até ao ponto final em que é resistente a mais decomposição. O húmus constitui normalmente apenas 5% do solo ou menos em volume, mas é uma fonte essencial de nutrientes e acrescenta qualidades texturais importantes ao solo, essenciais para o crescimento das plantas. Os ácidos húmicos e os ácidos fúlvicos são constituintes importantes do húmus, provenientes da decomposição da folhagem, dos caules e das raízes. A formação do húmus envolve alterações no solo e nos resíduos vegetais. Há uma redução dos constituintes solúveis em água, incluindo a celulose e a hemicelulose; à medida que os resíduos se depositam e se decompõem, acumulam-se no solo complexos de humina, lenhina e lenhina; à medida que os microrganismos vivem e se alimentam da matéria vegetal em decomposição, pode ocorrer um aumento destas porções.

A formação de húmus é um processo que depende da quantidade de material vegetal adicionado anualmente e do tipo de solo de base; ambos são afectados pelo clima e pelo tipo de organismos presentes. Os solos com húmus podem variar em termos de teor de azoto, mas normalmente têm 3 a 6 por cento de azoto; o húmus, como reserva de azoto e fósforo, é um componente vital que afecta a fertilidade do solo. O húmus também absorve água, actuando como uma reserva de humidade que as plantas podem utilizar; também se expande e encolhe entre estados secos e húmidos, proporcionando espaços porosos. O húmus é menos estável do que os constituintes minerais do solo, porque é afetado pela decomposição microbiana e, com o tempo, a sua concentração diminui sem a adição de nova matéria orgânica. No entanto, o húmus pode persistir durante séculos ou mesmo milénios.

A produção e a acumulação ou degradação da matéria orgânica e do húmus dependem muito das condições climáticas. A temperatura e a humidade do solo são os principais factores na formação ou degradação da matéria orgânica e, juntamente com a topografia, determinam a formação de solos orgânicos. Os solos ricos em matéria orgânica tendem a formar-se em condições húmidas ou frias, onde a atividade dos decompositores é impedida pela baixa temperatura (Wagai *et al.,* 2008) ou pelo excesso de humidade (Minayeva *et al.,* 2008).

Os solos retêm água que pode dissolver uma série de moléculas e iões. Estas soluções trocam gases com a atmosfera do solo, contêm açúcares dissolvidos, ácidos fúlvicos e outros ácidos orgânicos, nutrientes vegetais como o nitrato, o amónio, o potássio, o fosfato, o sulfato e o cálcio, e micronutrientes como o zinco, o ferro e o cobre. Estes nutrientes são trocados com o componente mineral e húmico que os retém no seu estado iónico por adsorção. Alguns solos áridos têm soluções de sódio que têm um grande impacto no crescimento das plantas. O pH do solo pode afetar o tipo e a quantidade de aniões e catiões que as soluções do solo contêm e que são trocados entre o substrato do solo e os organismos biológicos (Dan, 2000).

A degradação dos solos (Johnson *et al.*, 1997) é um processo natural ou induzido pelo homem que prejudica a capacidade de funcionamento da terra. Os solos são a componente crítica da degradação da terra quando esta envolve acidificação, contaminação, desertificação, erosão ou salinização.

O solo é utilizado na agricultura, onde serve de âncora e base de nutrientes primários para as plantas; no entanto, como demonstrado pela hidroponia, não é essencial para o crescimento das plantas se os nutrientes contidos no solo puderem ser dissolvidos numa solução. Os tipos de solo e a humidade disponível determinam as espécies de plantas que podem ser cultivadas. O material do solo é um componente crítico nas indústrias mineira e da construção. O solo serve de base para a maioria dos projectos de construção. A movimentação de grandes volumes de solo pode estar envolvida na extração mineira de superfície, na construção de estradas e na construção de barragens. O abrigo de terra é a prática arquitetónica de utilizar o solo como massa térmica externa contra as paredes dos edifícios.

Os recursos do solo são fundamentais para o ambiente, bem como para a produção de alimentos e fibras. O solo fornece minerais e água às plantas. O solo absorve a água da chuva e liberta-a mais tarde, evitando assim inundações e secas. O solo limpa a água à medida que esta se infiltra nele. O solo é o habitat de muitos organismos: a maior parte da biodiversidade conhecida e desconhecida encontra-se no solo, sob a forma de invertebrados (minhocas, piolhos da madeira, milípedes, centopeias, caracóis, lesmas, ácaros, colêmbolos, enchitreídeos, nemátodos, protistas), bactérias, archaea, fungos e algas; e a maioria dos organismos que vivem acima do solo têm parte de si (plantas) ou passam parte do seu ciclo de vida (insectos) abaixo do solo. As biodiversidades acima do solo e abaixo do solo estão estreitamente interligadas (Ponge e Jean-Francois, 2003; De Deynet *al.,* 2005), o que torna a proteção do solo de importância primordial para qualquer plano de recuperação ou conservação.

A componente biológica do solo é um sumidouro de carbono extremamente importante, uma vez que cerca de 57% do conteúdo biótico é carbono. Mesmo nas crostas desérticas, as cianobactérias, os líquenes e os musgos capturam e sequestram uma quantidade significativa de carbono através da fotossíntese. Os maus métodos agrícolas e de pastoreio degradaram os solos e libertaram grande parte deste carbono sequestrado para a atmosfera. A recuperação dos solos do mundo poderia compensar parte do enorme aumento dos gases com efeito de estufa que provocam o aquecimento global, melhorando simultaneamente o rendimento das culturas e reduzindo as necessidades de água.

A gestão de resíduos tem frequentemente uma componente de solo. Os campos de drenagem séptica tratam os efluentes das fossas sépticas utilizando processos aeróbicos do solo. Os aterros sanitários utilizam o solo como cobertura diária. Os solos orgânicos, especialmente a turfa, constituem um importante recurso de combustível, mas vastas áreas de produção de turfa, como as turfeiras de esfagno, estão atualmente protegidas devido ao seu interesse patrimonial. Foi demonstrado que alguns macacos consomem terra, juntamente com o seu alimento preferido (folhagem de árvores e frutos), para aliviar a toxicidade dos taninos. (Birkeland e Peter, 1999; Setzet *al.,* 1999).

Os solos filtram e purificam a água e afectam a sua química. A água da chuva e a água acumulada de lagoas, lagos e rios percolam através dos horizontes do solo e dos estratos rochosos superiores, transformando-se assim em águas subterrâneas. As pragas (vírus) e os poluentes, como os poluentes orgânicos persistentes (pesticidas clorados, bifenilos policlorados), os óleos (hidrocarbonetos), os metais pesados (chumbo, zinco, cádmio) e o excesso de nutrientes (nitratos, sulfatos, fosfatos) são filtrados pelo solo. (Kohneet *al.*, 2009). Os organismos do solo metabolizam-nos ou imobilizam-nos na sua biomassa e necromassa, (Diplocket *al.*, 2009) incorporando-os assim no húmus estável. (Moeckelet *al.*, 2008). A integridade física do solo é também um pré-requisito para evitar deslizamentos de terras em paisagens acidentadas. (Rezaeiet *al.*, 2009).

A rizosfera é a zona do solo que rodeia a raiz de uma planta, onde a biologia e a química do solo são influenciadas pela raiz. Esta zona tem cerca de 1 mm de largura, mas não tem um limite distinto. A rizosfera pode ser dividida em três zonas: endorizosfera, rizoplano e ectrizosfera.A primeira observação de que os micróbios são mais abundantes na rizosfera do que no solo distante foi feita por Hiltner (1904), e a primeira indicação relativa à exsudação radicular e à abundância de micróbios foi fornecida por Knudson (1920) e Lyon & Wilson (1921). Nos últimos anos, o domínio da biologia da rizosfera tem explorado a importância relativa dos exsudados radiculares na mediação das interações entre plantas e micróbios vizinhos (Weir e Vivanco 2004)

À medida que as raízes das plantas crescem no solo, libertam compostos solúveis em água, como aminoácidos, açúcares e ácidos orgânicos, que fornecem alimentos aos microrganismos. O fornecimento de alimentos significa que a atividade microbiológica na rizosfera é muito maior do que no solo longe das raízes das plantas. Em contrapartida, os microrganismos fornecem nutrientes às plantas. Toda esta atividade faz com que a rizosfera seja o ambiente mais dinâmico do solo. Uma vez que as raízes se encontram no subsolo, a atividade da rizosfera tem sido largamente ignorada e só agora começamos a desvendar as complexas interações que ocorrem. Por este motivo, a rizosfera tem sido considerada a última fronteira da ciência agrícola.

As raízes exsudam água e compostos geralmente designados por exsudados. Os exsudados das raízes incluem aminoácidos, ácidos orgânicos, hidratos de carbono, açúcares, vitaminas, mucilagem e proteínas.

Os exsudados actuam como mensageiros que estimulam as interações biológicas e físicas entre as raízes e os organismos do solo. Modificam as propriedades bioquímicas e físicas da rizosfera e contribuem para o crescimento das raízes e a sobrevivência das plantas. No entanto, o destino dos exsudados na rizosfera e a natureza das suas reacções no solo continuam a ser pouco conhecidos.

As células radiculares estão continuamente a ser atacadas por microrganismos e sobrevivem através da secreção de proteínas de defesa e de outras substâncias químicas antimicrobianas ainda desconhecidas. A investigação revelou que os exsudados na rizosfera variam consoante as fases de crescimento das plantas. Por exemplo, existem mais carboxilatos e mucilagem radicular na fase de seis folhas do que anteriormente, que atraem e repelem determinadas espécies e populações de micróbios. Níveis elevados de humidade e de nutrientes na rizosfera atraem um número muito maior de microrganismos do que noutras partes do solo. A composição e o padrão dos exsudados radiculares afectam a atividade microbiana e o número de populações que, por sua vez, afectam outros organismos do solo que partilham este ambiente.

A investigação revelou que o solo da rizosfera é significativamente mais húmido do que o solo em geral, o que protege as raízes da secagem. Os exsudados libertados pelas raízes durante a noite permitem a expansão das raízes no solo. Quando a transpiração recomeça com a luz do dia, os exsudados começam a secar e a aderir às partículas de solo na rizosfera. À medida que o solo seca e o seu potencial hidráulico diminui, os exsudados perdem água para o solo.

Os exsudados ajudam as raízes a adsorver e armazenar iões para utilização pelas plantas. Por exemplo, os flavonóides presentes nas raízes das leguminosas activam os genes *Rhizobium meliloti* responsáveis pela nodulação das raízes, o que permite que estas obtenham azoto do ar. Os exsudados permitem a transferência de até 20% de todo o carbono fixado fotossinteticamente para a rizosfera. Os exsudados podem também ser responsáveis pelo desenvolvimento de micorrizas vesiculares arbusculares que colonizam as raízes e lançam quilómetros de hifas filamentosas no solo, aumentando a superfície e a distância percorrida pelas raízes e absorvendo nutrientes para a planta.

O ambiente da rizosfera tem geralmente um pH mais baixo, menos oxigénio e concentrações mais elevadas de dióxido de carbono. No entanto, os exsudados podem tornar o solo na rizosfera mais ácido ou alcalino, dependendo dos nutrientes que as raízes estão a retirar do solo. Por exemplo, quando uma planta absorve azoto sob a forma de amónio, liberta iões de hidrogénio que tornam a rizosfera mais ácida. Quando uma planta absorve azoto sob a forma de nitrato, liberta iões de hidroxilo que tornam a rizosfera mais alcalina. Esta ação não afecta normalmente o pH global do solo, mas é importante para os pequenos organismos que vivem na rizosfera, porque muitos organismos do solo não se deslocam muito no solo.

Acredita-se que a mucilagem pegajosa segregada pelas células da capa da raiz em crescimento contínuo altera o solo circundante. As raízes das plantas estão em comunicação contínua com os sistemas radiculares circundantes e rapidamente reconhecem e impedem a presença de raízes invasoras através de mensageiros químicos. Este processo é conhecido como alelopatia. Na agricultura, pode ser benéfico quando as plantas cultivadas impedem o crescimento de ervas daninhas nas proximidades; ou prejudicial quando as plantas daninhas impedem o crescimento das culturas. O que é que os organismos vivos fazem na rizosfera? A rizosfera é um centro de intensa atividade biológica devido ao fornecimento de alimento fornecido pelos exsudados das raízes. Bactérias, actinomicetos, fungos, protozoários, bolores viscosos, algas, nemátodos, vermes encistados, minhocas, milípedes, centopeias, insectos, ácaros, caracóis, pequenos animais e vírus do solo competem constantemente por água, alimento e espaço. A química e o pH do solo podem influenciar a mistura de espécies e as funções dos micróbios na rizosfera

A maioria dos microrganismos do solo não interage com as raízes das plantas, possivelmente devido à secreção constante e diversificada de exsudados antimicrobianos das raízes. No entanto, há alguns microrganismos que interagem com plantas específicas. Estas interações podem ser patogénicas (invadem e matam raízes e plantas), simbióticas (beneficiam o crescimento das plantas), nocivas (reduzem o crescimento das plantas), saprófitas (vivem em raízes e plantas mortas) ou neutras (sem efeito nas plantas). As interações benéficas para a agricultura incluem as micorrizas, a nodulação das leguminosas e a produção de compostos antimicrobianos que inibem o crescimento de agentes patogénicos.

Os microrganismos convertem formas orgânicas de nutrientes em formas inorgânicas que as raízes das plantas podem absorver. Nas leguminosas, as nodulações microbianas das raízes permitem às plantas fixar o azoto do ar. Os microrganismos da rizosfera produzem vitaminas, antibióticos, hormonas vegetais e moléculas de comunicação que favorecem o crescimento das plantas.

Os produtos residuais e as secreções dos microrganismos ajudam a combinar as partículas do solo em agregados estáveis à volta das raízes das plantas. Estes agregados retêm a humidade no seu interior, mas permitem a drenagem entre agregados, para que os pêlos das raízes não fiquem encharcados.

Terra vermelha

Os solos vermelhos são mais arenosos do que argilosos e não retêm a humidade. Os solos vermelhos formam-se a partir da meteorização de antigas rochas cristalinas e são ligeiramente ácidos. Tal como os solos aluviais e os solos verticais, os solos vermelhos são pobres em fósforo e em azoto. Os solos vermelhos são igualmente pobres em cal, mas possuem ferro e uma pequena quantidade de húmus.

Solos normais / Solos negros

Estes solos são de cor preta e são também conhecidos como solos negros. Dado que são ideais para a cultura do algodão, são também designados por ccottonsoils, para além da sua nomenclatura normal de solos normais. Estes solos são os mais típicos da região da armadilha do Decão, espalhada pelo planalto do Decão Noroeste, e são constituídos por fluxos de lava.

Importância dos micróbios do solo

Os micróbios do solo são componentes importantes do habitat do solo, uma vez que, ecologicamente, o seu papel consiste em controlar o ciclo nutricional para manter a fertilidade do solo, contribuindo para a sua génese e mantendo a sua estrutura. O ecossistema microbiano inclui componentes bióticos e abióticos, como o número total de micróbios, a diversidade microbiana e as propriedades físicas e químicas. Neste ecossistema, podem ocorrer interações microbianas como o neutralismo, o mutualismo, o comensalismo, o antagonismo, a complementação e o parasitismo (Pelczar e Chan, 2005).

Antecedentes históricos da microbiologia do solo

No ano de 1888, os químicos do solo desenvolveram uma ciência conhecida como microbiologia do solo. Biejerinck (1888) isolou as bactérias dos nódulos radiculares e indicou que este tipo de bactérias fixava o azoto atmosférico. [th]Os outros eminentes microbiologistas do solo da última década do século XX foram Winogradskey, Omelinaskey, *etc.* Conseguiram descobrir as bactérias que fixam o azoto sob a forma de amoníaco após sucessivos processos biológicos e deram-lhes o nome de *Nitrosomonas, Nitrosococcus, Nitrobacter* e *Nitrosystis*. Estudaram o modo de transformação do carbono, do enxofre e de outros elementos no solo. Winogradskey (1893-1894) foi o primeiro a demonstrar que a fixação do azoto atmosférico no solo é possível graças à bactéria aeróbica *Clostridium* e, mais tarde, Biejerinck (1901) isolou as bactérias aeróbicas fixadoras de azoto *Azatobacter e* Chroococcum.

Pontos de viragem na investigação microbiológica

Um dos maiores contributos foi dado em 1952, quando Alferd Hershey e Martha Chase demonstraram, utilizando bactérias e vírus, que o ADN é a molécula que controla as células. O seu trabalho com vírus que infectam células bacterianas, o bacteriófago, foi tão significativo que este se tornou um organismo de investigação laboratorial padrão. Esta descoberta despertou o interesse de Watson, Crick e de um colaborador, Wilkins, que receberam o Prémio Nobel por terem apresentado a estrutura molecular de dupla hélice do ADN.

George Beadle e Edward (1958) descobriram que os genes actuam através de reacções químicas definidas na célula, o conceito de um gene e uma enzima. Receberam o Prémio Nobel em 1958 por esta contribuição. Explicaram que as reacções químicas da célula são controladas pela atividade da enzima e que é o ADN que codifica quimicamente a estrutura destas moléculas proteicas especiais.

Plantas aromáticas e medicinais

Muitos fungicidas químicos com compostos de cobre, enxofre e triazóis têm sido utilizados para controlar as doenças das plantas. No entanto, a utilização de fungicidas químicos não só erradica os agentes patogénicos como, com a sua aplicação constante, estes podem tornar-se resistentes e verificou-se que vários destes produtos químicos afectam outros organismos benéficos não visados e apresentam efeitos secundários que conduzem à carcinogenicidade, à teratogenicidade, à poluição ambiental e a outros problemas relacionados com a toxicidade. Para evitar estes problemas, são procurados produtos vegetais naturais com propriedades antimicrobianas, sem causar efeitos adversos e poluição. A utilização de extractos de plantas e de produtos vegetais está gradualmente a encontrar o seu lugar na gestão das doenças das plantas em vez do controlo químico.

Extractos de plantas

As plantas aromáticas e medicinais suscitam um interesse crescente, tanto na indústria como na investigação científica, devido às suas potenciais aplicações na medicina e nas medidas de controlo das doenças das plantas. As propriedades antifúngicas dos extractos de plantas e dos óleos essenciais estão bem estabelecidas contra um vasto espetro de organismos como os fungos e as bactérias. Estas propriedades devem-se principalmente a muitos fitoquímicos activos, incluindo vitaminas, flavonóides, terpenóides, carotenóides, cumarinas, curcuminas, etc., e, por conseguinte, são de grande importância na indústria alimentar e têm a possibilidade de substituir os conservantes naturais por conservantes sintéticos e outros produtos. Os óleos essenciais representam uma classe altamente complexa de produtos naturais, tendo a fitoquímica um papel bem definido no desenvolvimento económico de um país.

A Índia tem um património rico e uma longa história de utilização de plantas medicinais e aromáticas para melhorar a qualidade de vida, um legado com 5000 anos na Índia. Das 8000 espécies de plantas registadas para uso medicinal na Índia, estima-se que mais de 1000 sejam comercializadas como drogas vegetais em bruto. As plantas medicinais e aromáticas são amplamente utilizadas como medicamentos e constituem uma fonte importante de compostos orgânicos naturais.

A aplicação de extractos de plantas superiores e das suas preparações para o controlo de doenças das plantas tem sido utilizada desde 1470 a.C. Sabe-se que os extractos de muitas plantas e os seus componentes são úteis no controlo de microrganismos fitopatogénicos. A utilização de extractos de plantas medicinais como agentes de controlo pode proporcionar uma gestão segura, sem poluição e de baixo custo das pragas.

Foram publicados vários estudos fitoquímicos, incluindo a abordagem de amostragem aleatória que envolveu alguns acessos de plantas recolhidos em todas as partes do mundo. Os principais alcalóides e saponinas esteroidais, no entanto, foram também comunicados outros grupos diversos de fitocomponentes naturais, tais como flavonóides, taninos, esteróis insaturados, terpenóides, óleos essenciais, *etc.* Nos últimos anos, os metabolitos secundários, anteriormente com compostos inibitórios desconhecidos, têm sido amplamente investigados como fonte de agentes medicinais. As plantas medicinais representam uma fonte rica de agentes antimicrobianos. As diferentes partes utilizadas incluem raízes, caule, flores, frutos, folhas e órgãos vegetais modificados.

Mais de 800 milhões de pessoas nos países em desenvolvimento não dispõem de um abastecimento alimentar adequado e pelo menos 10% dos alimentos são perdidos devido a doenças das plantas. Os fitopatógenos fúngicos e bacterianos são a causa de muitas doenças das plantas e de grandes perdas de rendimento das culturas, especialmente nas regiões subtropicais e tropicais. Os pesticidas químicos são amplamente utilizados na agricultura contemporânea. No entanto, estes produtos podem causar problemas como a poluição ambiental e afetar a saúde humana. Outros problemas incluem o desenvolvimento de resistência nos agentes patogénicos e a diminuição da diversidade de organismos não visados. Para reduzir o agravamento dos problemas na utilização de fungicidas ou pesticidas, devem ser descobertos e desenvolvidos novos métodos de proteção das plantas, que sejam menos dependentes de produtos químicos e mais amigos do ambiente. A fim de minimizar os efeitos secundários indesejáveis causados pelas aplicações de fungicidas sintéticos, os investigadores têm-se concentrado na avaliação de biofungicidas naturais alternativos. Foi relatado que os extractos de plantas de muitas plantas superiores apresentam propriedades antibacterianas, antifúngicas e insecticidas em laboratório. Os metabolitos das plantas e os pesticidas à base de plantas parecem ser uma das melhores alternativas, uma vez que se sabe que têm um impacto ambiental e um perigo para os consumidores mínimos, ao contrário dos pesticidas sintéticos.

O rastreio biológico de extractos de plantas é efectuado em todo o mundo para a determinação da sua atividade antimicrobiana. Os produtos químicos sintéticos utilizados para controlar as doenças das plantas não só poluem o ambiente, como também são prejudiciais para a saúde humana. Devido a considerações ambientais e económicas, os cientistas de plantas estão envolvidos na procura de biocompostos mais baratos e mais amigos do ambiente para o controlo de doenças das plantas utilizando difusatos de diferentes plantas.

A tendência para os pesticidas ecológicos, com níveis alarmantes de resistência das pragas aos pesticidas habitualmente utilizados, levou à procura de novos agentes antimicrobianos de várias fontes, incluindo plantas medicinais. Os fungos são os principais agentes causadores de doenças nas plantas e podem fazer perder até 90% do rendimento agrícola. Têm sido utilizados vários fungicidas sistémicos para controlar as doenças das plantas. Mas devido à utilização indiscriminada de fungicidas sintéticos, vários agentes patogénicos importantes desenvolveram resistência a muitos dos fungicidas atualmente disponíveis. Além disso, estes fungicidas também poluem o solo e a água e, por vezes, afectam negativamente os organismos não visados.

Por conseguinte, é necessário procurar novos compostos antifúngicos como alternativa, segura, ecológica e barata aos fungicidas sintéticos a partir de plantas, uma vez que estas produzem diferentes metabolitos secundários que desempenham um papel defensivo nas plantas e as protegem dos seus invasores. Os extractos de plantas e os óleos essenciais têm sido investigados em todo o mundo pela sua atividade antifúngica contra uma vasta gama de fungos. Por conseguinte, cinco extractos de metanol foram avaliados quanto à sua atividade antifúngica contra fungos patogénicos importantes.

Os agentes patogénicos transmitidos pelo solo são complexos não só no seu padrão comportamental mas também nos seus constituintes bioquímicos. Por conseguinte, não é muito fácil controlar estes agentes patogénicos. Compreender e lidar com os agentes patogénicos transmitidos pelo solo é uma tarefa muito difícil e exigente. Atualmente, a gestão eficaz das doenças das plantas e da contaminação microbiana em vários produtos agrícolas é geralmente conseguida através da utilização de fungicidas sintéticos. No entanto, a aplicação incessante e indiscriminada destes fungicidas químicos tem causado riscos para a saúde dos animais e dos seres humanos devido à toxicidade residual.

Nos últimos anos, um grande número de fungicidas sintéticos foi proibido no mundo ocidental devido às suas caraterísticas indesejáveis, como a toxicidade elevada e aguda. Nos países em desenvolvimento, como a Índia, continuam a ser utilizados apesar dos seus efeitos nocivos. Muitos microrganismos patogénicos desenvolveram resistência aos fungicidas químicos. Este facto dificulta seriamente a gestão das doenças das culturas e das plantas agrícolas. Tendo em conta os efeitos nocivos dos fungicidas sintéticos nos sistemas de suporte da vida, há uma necessidade urgente de agentes alternativos para a gestão de microrganismos patogénicos.

Extractos de plantas como medicamento

As plantas são uma das fontes mais importantes de medicamentos. Desde o início da civilização humana, as plantas medicinais têm sido utilizadas pela humanidade pelo seu valor terapêutico. A natureza tem sido uma fonte de agentes medicinais durante milhares de anos e um número impressionante de medicamentos modernos foi isolado de fontes naturais. Muitos destes isolamentos foram baseados na utilização dos agentes na medicina tradicional. De acordo com a OMS, os sistemas de medicina tradicional à base de plantas continuam a desempenhar um papel essencial nos cuidados de saúde, com cerca de 80% dos habitantes do mundo a dependerem principalmente de medicamentos tradicionais para os seus cuidados de saúde primários (OMS, 2000; Owolabiet *al*., 2007).

O potencial das plantas superiores como fonte de novos fármacos está ainda largamente inexplorado. Entre as estimadas 250 000 - 500 000 espécies de plantas, apenas uma pequena percentagem foi investigada fitoquimicamente e a fração submetida a rastreio biológico ou farmacológico é ainda menor. Assim, qualquer investigação fitoquímica de uma determinada planta revelará apenas um espetro muito estreito dos seus constituintes. Historicamente, o rastreio farmacológico de compostos de origem natural ou sintética tem sido a fonte de inúmeros agentes terapêuticos. O rastreio aleatório como ferramenta para a descoberta de novas moléculas biologicamente activas tem sido mais produtivo no domínio dos antibióticos. Ainda hoje, contrariamente à crença comum, os medicamentos provenientes de plantas superiores continuam a ocupar um nicho importante na medicina moderna. A nível mundial, são atualmente utilizados pelo menos 130 medicamentos, todos eles entidades químicas únicas extraídas de plantas superiores ou modificadas sinteticamente, embora alguns deles estejam agora a ser produzidos sinteticamente por razões económicas (Newman *et al*., 2007).

A Índia tem vários sistemas medicinais tradicionais, como o Ayurveda, o Unani e o Siddha, que sobreviveram durante mais de 3000 anos, utilizando principalmente medicamentos à base de plantas. Os textos antigos, como o Rigveda (4500-1600 a.C.) e o Atharvanaveda, mencionam a utilização de várias plantas como medicamento. Os livros sobre medicina ayurvédica, como o CharakaSamhita e o SusrutaSamhita, referem a utilização de mais de 700 ervas (Jain, 1991). Na Índia, o sistema ayurvédico descreveu um grande número de medicamentos baseados em plantas ou produtos vegetais e a determinação dos seus caracteres morfológicos e farmacológicos ou farmacognósticos pode proporcionar uma melhor compreensão dos seus princípios activos e modo de ação.

Na era atual dos produtos farmacêuticos, têm sido utilizados vários produtos químicos para o tratamento eficaz de doenças. As plantas têm sido sempre a principal forma de medicina desde as tradições na Índia e, atualmente, tornam-se mais populares em todo o mundo. Os medicamentos à base de plantas não só fornecem medicina tradicional e étnica, como também são promissores para novas moléculas bioactivas altamente eficientes. Desde tempos imemoriais, o homem tem dependido da natureza para curar várias doenças. As plantas utilizadas como medicamentos são bastante inócuas e relativamente livres de efeitos tóxicos ou eram tão tóxicas que os efeitos letais eram bem conhecidos. As plantas são um reservatório de compostos químicos potencialmente úteis que servem como fármacos, fornecem novas pistas e pistas para a conceção moderna de fármacos por síntese (Kiew e Baas, 1984).

Na Índia, há relatos de que os curandeiros tradicionais utilizam cerca de 2500 espécies de plantas e 100 espécies de plantas servem como fontes regulares de medicamentos (Pei, 2001). Nas últimas décadas, tem-se registado um interesse crescente no estudo das plantas medicinais e da sua utilização tradicional em diferentes partes do mundo (Lev, 2006). A Ayurveda, a Siddha, a Unani e as medicinas populares (tribais) são os principais sistemas de medicinas indígenas. Entre estes sistemas, o Ayurveda é o mais desenvolvido e amplamente praticado na Índia. A Ayurveda, que remonta a 1500800 a.C., tem sido parte integrante da cultura indiana. Cerca de 8000 remédios à base de plantas foram codificados na Ayurveda. O Rigveda (5000 a.C.) registou 67 plantas medicinais, o Yajurveda 81 espécies, o Atharvanaveda (4500-2500 a.C.) 290 espécies, o CharakaSamhita (700 a.C.) e o SushrutSamhita (200 a.C.) descreveram as propriedades e a utilização de 1100 e 1270 espécies, respetivamente, na composição de medicamentos, que ainda são utilizadas nas formulações clássicas do sistema de medicina ayurvédica.

Atualmente, existe uma base populacional global grande e em constante expansão que prefere a utilização de produtos naturais no tratamento e prevenção de problemas medicinais, uma vez que as plantas herbáceas provaram ter um recurso rico em propriedades medicinais (*Gandhirajaet al.,*2009). Nos últimos anos, os metabolitos secundários, anteriormente com actividades farmacológicas conhecidas, têm sido amplamente investigados como fonte de agentes medicinais (Krishnarajuet *al.,* 2005). Entre os diferentes derivados de plantas, os metabolitos secundários provaram ser o grupo mais importante de compostos que apresentaram uma vasta gama de atividade antibacteriana e antifúngica (Ravikumaret *al.*, 2007; PratimaMathad e Sundar, 2010).

As plantas herbáceas produzem uma variedade de compostos químicos que actuam sobre o organismo e que são utilizados para prevenir ou tratar doenças ou promover a saúde e o bem-estar. Os medicamentos à base de plantas têm sido cada vez mais utilizados em todo o mundo durante as últimas décadas, como evidenciado pelo rápido crescimento dos mercados mundiais e nacionais de medicamentos à base de plantas (Bhowmiket *al.,* 2009). Os medicamentos à base de plantas são muito procurados nos países desenvolvidos e em desenvolvimento para os cuidados de saúde primários devido às suas amplas actividades biológicas e medicinais, margens de segurança mais elevadas e custos mais baixos (Chaudharyet *al.*, 2010).

As plantas são, de facto, laboratórios naturais nos quais se biossintetiza um grande número de produtos químicos. Muitas plantas desenvolveram mecanismos bioquímicos naturais para se defenderem da concorrência das ervas daninhas e dos ataques de animais, insectos e fungos. Algumas destas substâncias químicas desencorajam a alimentação de insectos e outros herbívoros. Outros fornecem proteção ou mesmo imunidade contra doenças causadas por alguns agentes patogénicos. Outras ainda ajudam as plantas a competir por recursos, desencorajando a competição entre diferentes espécies de plantas. Ao estudar as diversas substâncias químicas de muitas espécies de plantas diferentes, os cientistas descobriram muitos compostos úteis que podem ser utilizados como biopesticidas.

Os extractos de plantas são utilizados há muito tempo para controlar os insectos. Já em 400 a.C., as crianças eram desinfectadas com um pó obtido a partir das flores secas da planta piretro (*Tanacetumcinerariifolium*). O primeiro inseticida botânico remonta ao século XVII, quando se demonstrou que a nicotina das folhas de tabaco matava os escaravelhos da ameixa. Atualmente, existem vários extractos de plantas biopesticidas que são comercializados como insecticidas.

Dissuasores de alimentação

Um composto que, uma vez ingerido pelo inseto praga, faz com que este deixe de se alimentar e acabe por morrer à fome. Os danos nas culturas são inibidos e os insectos acabam por morrer à fome.

Repelentes

Compostos típicos que libertam odores que são desagradáveis ou irritantes para os insectos. Os exemplos incluem insecticidas à base de alho ou pimenta.

Confusores

Compostos que imitam fontes de alimento e são utilizados como armadilhas ou chamarizes para atrair os insectos prejudiciais para longe das culturas. Os confusantes podem também ser formulados como pulverizações concentradas destinadas a sobrecarregar os insectos com tantas fontes de estímulos que estes não conseguem localizar a cultura. Os extractos de plantas não só são utilizados diretamente como insecticidas, como também são utilizados como fonte de insecticidas sintéticos baseados em análogos desenvolvidos em laboratório. Os cientistas modificaram as moléculas presentes nas plantas para as tornar mais tóxicas ou mais persistentes. Exemplos comuns disto podem ser encontrados nas famílias de insecticidas piretróides e neonicitinóides, derivados de moléculas isoladas de plantas como o piretro (*T. cinerariifolium*) e o tabaco. Os extractos de plantas também podem ser utilizados como bioherbicidas e baseiam-se em vários modos de ação diferentes.

Alelopatia vegetal

Termo utilizado para descrever a interação bioquímica que inibe o crescimento de plantas vizinhas por outra planta. As nogueiras pretas (*Juglansnigra*), por exemplo, produzem o aleloquímicojuglone, que é tóxico para muitas outras plantas. Muitos aleloquímicos recentemente descobertos têm potencial para serem desenvolvidos como herbicidas naturais.

Exsudados

Qualquer substância que escorra dos poros de um tecido vegetal doente ou ferido. As resinas, as gomas, os óleos e as lacas são exemplos de exsudados amplamente extraídos para utilizações industriais.

As raízes das plantas exsudam uma enorme variedade de compostos de pequeno peso molecular potencialmente valiosos para a rizosfera. Algumas das interações químicas, físicas e biológicas mais complexas experimentadas pelas plantas terrestres são as que ocorrem entre as raízes e o ambiente circundante do solo (*ou seja,* a rizosfera). As interações que envolvem as raízes das plantas na rizosfera incluem as interações raiz-raiz, raiz-inseto e raiz-micróbio. Na última década, foram dados passos enormes para compreender estes diferentes tipos de interações (Baiset *al.,* 2003) e, recentemente, o domínio da biologia vegetal reconheceu a importância dos exsudados radiculares na mediação destas interações biológicas (Baiset *al.,* 2003; Weir *et al.*, 2004).

A rizosfera representa uma frente altamente dinâmica de interação entre as raízes e os micróbios patogénicos e benéficos do solo, os invertebrados e os sistemas radiculares dos concorrentes (Baiset *al.,*

2003). No entanto, devido ao facto de as raízes das plantas estarem escondidas debaixo do solo, muitos dos fenómenos interessantes em que estão envolvidas têm permanecido em grande parte despercebidos. Em particular, o papel dos sinais químicos na mediação das interações subterrâneas só agora começa a ser compreendido. A sinalização química entre as raízes das plantas e outros organismos do solo, incluindo as raízes de plantas vizinhas, baseia-se frequentemente em substâncias químicas derivadas das raízes. Os mesmos sinais químicos podem provocar respostas diferentes em diferentes receptores. Os componentes químicos dos exsudados radiculares podem dissuadir um organismo e atrair outro, ou dois organismos muito diferentes podem ser atraídos com consequências diferentes para a planta. Um exemplo concreto da diversidade de significados de um sinal químico é a secreção de isoflavonas pelas raízes da soja, que atraem um mutualista (*Bradyrhizobiumjaponicum*) e um agente patogénico (*Phytopthorasojae*) (Morris *et al.*, 1998).

Os mecanismos utilizados pelas raízes para interpretar os inúmeros sinais que recebem das raízes-mãe, dos micróbios do solo e dos invertebrados da rizosfera são largamente desconhecidos. As interações raiz-raiz, raiz-micróbio e raiz-inseto podem ser classificadas como associações positivas ou negativas. Existe ainda uma terceira categoria de associações neutras, que não é aqui abordada. As interações positivas incluem associações simbióticas com epífitas e fungos micorrízicos, e a colonização das raízes por agentes de controlo biológico bacteriano e bactérias promotoras do crescimento das plantas (PGPB). As interações negativas incluem a competição ou o parasitismo entre plantas, a patogénese por bactérias ou fungos e a herbivoria por invertebrados. Os factores que determinam se a assinatura química dos exsudados radiculares de uma planta será percebida como um sinal negativo ou positivo ainda necessitam de ser elucidados. No entanto, os dados acumulados sugerem que os exsudados radiculares desempenham um papel importante na determinação dos resultados das interações na rizosfera e, em última análise, na dinâmica das comunidades vegetais e do solo.

Regulação do crescimento das plantas

Alguns óleos vegetais podem atuar como herbicidas de contacto eficazes através de uma variedade de mecanismos, tais como a rutura das membranas celulares nos tecidos vegetais, a inibição da síntese de aminoácidos ou a exclusão da produção de enzimas necessárias para a fotossíntese.

Controlo mecânico

Alguns extractos de plantas são poderosos agentes naturais que actuam diretamente sobre as infestantes. O D-limoneno, por exemplo, é um agente desengordurante eficaz que remove a cutícula cerosa das folhas das ervas daninhas, causando necrose, desidratação e morte das ervas daninhas. Os extractos de plantas são também utilizados na agricultura comercial como fungicidas e instrumentos antimicrobianos em aplicações de segurança alimentar. Baseiam-se nos seguintes modos de ação

Controlo Fungicida

Alguns extractos de plantas actuam como fungicidas de contacto. Alguns perturbam a integridade das membranas celulares em diferentes fases do desenvolvimento dos fungos, enquanto outros inactivam enzimas-chave e interferem com os processos metabólicos.

Resistência induzida

As culturas tratadas com alguns extractos de plantas produzem e acumulam níveis elevados de proteínas especializadas e outros compostos que inibem o desenvolvimento de doenças fúngicas e bacterianas. Com efeito, o sistema imunitário da cultura é ativado para se defender contra doenças destrutivas.

A utilização de extractos de plantas como biopesticidas oferece aos agricultores muitas vantagens únicas. Geralmente, os compostos à base de plantas degradam-se rapidamente, reduzindo o risco de resíduos nos alimentos. Muitos destes produtos têm intervalos de pré-colheita muito curtos. A maioria dos produtos apresenta amplas janelas de segurança para as culturas e a resistência a estes compostos não se desenvolve tão rapidamente como com os pesticidas sintéticos devido aos múltiplos modos de ação. Muitos extractos de plantas utilizados como insecticidas são de ação rápida, inibindo rapidamente a alimentação dos insectos e os danos adicionais às culturas. E, como actuam no intestino do inseto e se decompõem rapidamente no ambiente, muitos insecticidas de extractos de plantas são mais selectivos para os alvos dos insectos e mais seguros para os insectos benéficos.

Enzimas

As enzimas são biocatalisadores produzidos pelas células vivas para provocar reacções bioquímicas específicas que, em geral, fazem parte dos processos metabólicos das células. As enzimas são altamente específicas na sua ação sobre os substratos e, frequentemente, são necessárias muitas enzimas diferentes para realizar, através de uma ação concertada, a sequência de reacções metabólicas realizadas pela célula viva. Todas as enzimas que foram purificadas são de natureza proteica e podem ou não possuir um grupo prostético não proteico.

A aplicação prática e a utilização industrial de enzimas para realizar determinadas reacções fora da célula remonta a muitos séculos e era praticada muito antes de se compreender a natureza ou a função das enzimas. A utilização de malte de cevada para a conversão de amido no fabrico de cerveja e de estrume para o enfardamento de peles no fabrico de couro são exemplos de utilização antiga de enzimas. Só quase no final deste século é que se tornaram conhecidos os agentes causadores ou as enzimas responsáveis por estas reacções bioquímicas. Foram então preparadas preparações brutas a partir de certos tecidos animais, como o pâncreas e a mucosa do estômago, ou de tecidos vegetais, como o malte e a papaia, que encontraram aplicações técnicas nas indústrias têxtil, do couro, da cerveja e outras.

Uma vez estabelecidos os resultados favoráveis da utilização de tais preparações enzimáticas, iniciou-se uma procura de fontes melhores, menos dispendiosas e mais facilmente disponíveis de tais enzimas. Verificou-se que certos microrganismos produzem enzimas com uma ação semelhante à das amilases do malte e do pâncreas ou à das proteases do pâncreas e da papaia. Este facto levou ao desenvolvimento de processos de produção destas enzimas microbianas à escala comercial.

O Dr. Takamine (1914) foi a primeira pessoa a aperceber-se da possibilidade técnica das enzimas cultivadas e a introduzi-las na indústria. Ele estava principalmente preocupado com enzimas fúngicas, enquanto Boidin e Effront (1917), em França, foram pioneiros na produção de enzimas bacterianas cerca de 20 anos mais tarde. O progresso tecnológico neste domínio durante as últimas décadas tem sido tão grande que, para muitas utilizações, as enzimas cultivadas microbianas substituíram as enzimas animais ou vegetais. Por exemplo, na conceção de têxteis, a amilase bacteriana substituiu largamente o malte ou a pancreatina. Atualmente, apenas um número relativamente pequeno de enzimas microbianas encontrou aplicação comercial, mas o número está a aumentar e o campo será, sem dúvida, muito alargado no futuro.

Enzimas microbianas

As enzimas estão presentes em todas as células vivas e, por conseguinte, em todos os microrganismos. Cada estirpe de organismo produz um grande número de enzimas, de natureza hidrolítica, oxidante ou redutora e metabólica. Mas as quantidades absolutas e relativas das várias enzimas individuais produzidas variam acentuadamente entre espécies e mesmo entre estirpes da mesma espécie. Por conseguinte, é habitual selecionar estirpes para a produção comercial de enzimas específicas que tenham a capacidade de produzir as quantidades mais elevadas das enzimas específicas desejadas.

No presente trabalho, foram selecionados fungos do solo que apresentavam actividades positivas de todas ou de qualquer uma das caraterísticas bioquímicas acima referidas e testados contra os efeitos de alguns extractos de plantas aromáticas e medicinais.

Âmbito do presente inquérito

Tendo em conta a falta de conhecimentos da literatura sobre os fungos do solo e as suas potencialidades em diferentes solos do distrito de Chittoor, em Andhraprades, e os efeitos das plantas aromáticas e medicinais nos fungos do solo, decidiu-se estudar a diversidade de microrganismos em diferentes solos, como o solo vermelho, o solo negro, o arrozal, o solo virgem e os solos secos do lago do distrito de Chittoor, em A.P. Decidiu-se examinar os fungos isolados do solo para caraterização bioquímica dos seus

(a)Atividade amilolítica

(b) Atividade celulolítica

(c) Atividade pectolítica

(d) Actividades de solubilização de fosfatos

Finalmente, decidiu-se estudar o efeito de extractos de plantas aromáticas e medicinais contra estes fungos do solo com potencialidades bioquímicas importantes.

Capítulo - 2

Materiais e métodos

Local de inquérito

O presente estudo foi efectuado no Departamento de Botânica da Universidade Sri Venkateswara, Tirupati, Andhra Pradesh, Índia.

Produtos químicos e artigos de vidro

Todos os produtos químicos e material de vidro utilizados no presente estudo eram de alta qualidade, adquiridos à SRL, Mumbai e à Borosil, Mumbai, respetivamente.

Recolha de amostras de solo

As amostras de solo foram recolhidas em solo vermelho, solo negro, arrozal, solo virgem e solo de lago seco de diferentes zonas do distrito de Chittoor. As amostras de solo foram recolhidas a uma profundidade de 15 cm em seis pontos diferentes da zona. As amostras foram secas ao ar em pó e bem misturadas para representar uma única amostra.

Método da placa de diluição do solo

Misturaram-se 10 g de amostras de solo com 90 ml de água destilada estéril e efectuou-se uma série de diluições até 10^{-6} . A partir destas diluições, foram pipetados volumes de um ml no meio de ágar Rosa Bengala de Martin, em placas de Petri. As placas inoculadas foram incubadas numa posição invertida na incubadora a 27 -30° C durante 3 dias. As colónias de fungos foram observadas e submetidas a subcultura em meio Agar Rosa Bengala. A subcultura foi continuada até se obter um isolado puro. A identificação foi efectuada de acordo com Gilman (1945).

Composição química dos meios de comunicação

Meio de ágar Rosa de Bengala

Glucose -10 ,0g,

Peptona-5 ,0g,

K2HPO4 -1.0g,

MgSO4. 7H2O-0 ,5g,

Rosa Bengala - 0,003g,

Agar Agar - 20.0g,

Estreptomicina - 0.003g,

Água destilada -1000ml,

pH-6 ,0

ágar dextrose de batata (PDA)

Batatas -200 mg

Glucose/Dextrose -20g

Ágar-20g

Água destilada -1000 ml

pH-5 ,5

Rastreio de enzimas fúngicas

As estirpes de fungos foram analisadas em relação à amilase, celulase, pectinase e fosfatases da seguinte forma.

Atividade amilolítica

As culturas foram inoculadas pontualmente em meio de ágar-amido, sendo o amido a única fonte de carbono. Após 5 dias de incubação a 30° C, observou-se visualmente ou após coloração com solução de iodo uma zona clara de hidrólise à volta das colónias.

Meio de ágar amido

Amido_20 ,0g ,

Peptona_5 ,0 g,

Extrato de carne de bovino_3,0 g,

Ágar_20 ,0 g

Água destilada_1000 ml

pH_7 .0

Atividade celulolítica

A atividade da celulase foi detectada através do crescimento de fungos numa placa de Petri com meio de ágar de sal mineral Czapeck. Utilizando celulose (0,5%) como única fonte de carbono. As placas foram incubadas durante 7 dias a 25 - 30° C, coradas com solução de vermelho Congo durante 15 minutos. Em seguida, foram descolorizadas com solução salina durante 10 a 15 minutos. As áreas não coradas indicaram onde a celulose foi quebrada e o diâmetro da zona clara foi medido para fornecer uma comparação quantitativa da atividade celulolítica.

Meio de ágar de sal mineral de Czapek

NaNO3 - 2.0g

K2HpO4 - 1.0g

MgSO4- 0.5g

KCl- 0.5g

Peptona 2.0g

Celulose- 5.0g

Ágar- 20.0g

Água destilada -1000 ml

Atividade pectinolítica

A atividade da pectinase foi detectada através do crescimento de fungos numa placa de Petri em meio de ágar de sal mineral contendo 1% (Mandel e Weber) de pectina cítrica como única fonte de carbono. Após incubação (a 30° C durante 5 dias), as placas foram coradas com vermelho de ruténio. Foram observados halos púrpura à volta das colónias para a pectina.

Meio de agar de sal mineral

NaNO3 -2,0g

KCl -0,5g

MgSO4 .7H2O -0,5g

K2HPO4 - 1.0g

FeSO4.7H2O - 0.01g

Pectina de citrinos 10.0g

Ágar -20 ,0 g

Água destilada -1000 ml

Atividade de solubilização de fosfatos

A atividade de fosfatase foi detectada através do crescimento de fungos em meio de ágar Pikovskayas utilizando fosfato de cálcio triplo (3%) como única fonte de carbono. Após 5 - 7 dias a 28 - 30° C, os halos à volta das colónias de fungos indicavam a presença de atividade fosfatásica.

Pikovskayasagar médio

Glicose-1 .0g

(NH4)2SO4 -0.5g,

MgSO4. 7H2O-0 ,1g,

KCl -0,2g,

Extrato de levedura-0 ,5g,

FeSO4 .7H2O- 0.5g,

$Ca_3(PO_4)_2$-3,0g,

$MnSO_4$-0.2g, Agar-15 .0g,

pH -6 ,8/7,0,

Água destilada -1000ml.

Produção de enzimas por cultura em meio líquido

As estirpes de fungos em crescimento foram inoculadas em caldo de dextrose de batata e incubadas à temperatura ambiente durante 4 dias. O meio foi então centrifugado e o sobrenadante foi recolhido para separar a enzima extracelular amilase.

Extração de enzimas

Foram adicionados 22 ml de tampão fosfato 0,1 M (pH 6,5) às culturas e as misturas foram agitadas durante 30 minutos a 19 °C e 140 rpm num agitador rotativo. A mistura foi filtrada através de um pano de queijo e centrifugada a 8000 rpm a 4 °C durante 15 minutos. O sobrenadante foi filtrado através de papel de filtro Watmannno.1 e o filtrado foi utilizado como preparação enzimática bruta.

Ensaio enzimático

O filtrado de cultura sem células foi utilizado como preparação enzimática em bruto para ensaiar as actividades de amilase, celulase, pectinase e fosfatase. A preparação de enzimas brutas foi incubada na presença de 500 µl (1% p/v) de substratos como o amido para a amilase, a celulose para a celulase, a pectina cítrica para a pectinase e o fosfato tricálcico para a fosfatase.

Ensaio das actividades enzimáticas da amilase, celulase e pectinase:

Método do ácido dinitrosalicílico (DNSA)

O sistema de ensaio para a atividade da amilase foi realizado através da medição da quantidade de açúcar redutor de acordo com o método DNSA (Muraoet *al.*, 1979). A atividade da amilase foi determinada incubando uma mistura de 1 ml de líquido de cada fonte de enzima e 1% de amido solúvel dissolvido em tampão fosfato 0,1 M, a pH 7, a 50^0 C durante 30 min. A reação foi interrompida pela adição de 1 ml de ácido 3,5 dinitrosalicílico, seguida de ebulição durante 10 minutos. O volume final foi completado até 12 ml com água destilada e o açúcar redutor libertado foi medido a 540 nm (Miller, 1959). Uma unidade de atividade de amilase foi definida como a quantidade de enzima que liberta 1mol de equivalente de glucose por minuto nas condições do ensaio. A concentração de açúcar redutor (glicose ou maltose) foi determinada a partir de uma curva-padrão nas mesmas condições, utilizando a glicose como padrão. Seguiu-se o mesmo método para analisar as actividades da celulase e da pectinase utilizando os respectivos substratos.

Estimativa da fosfatase

As fosfatases ácida e alcalina foram testadas adoptando o procedimento padrão de Tabatabai e Bremner (Tabatabai e Bremner,1969) utilizando tampão acetato (pH 9,4), respetivamente. A mistura de substrato enzimático (p-nitrofenil fosfato) foi incubada a 37°C durante 1 h e a atividade enzimática foi expressa como unidade enzimática (UE). Uma unidade é a quantidade de enzima que hidrolisa 1,0 μ kat de p-nitrofenil fosfato por minuto a pH 5,4 (fosfatase ácida) ou pH 9,4 (fosfatase alcalina) a 37 °C.

A reação foi terminada e as proteínas foram precipitadas com TCA. Foram removidas por centrifugação a 10.000 rpm durante 10 minutos e o sobrenadante foi analisado quanto ao Pi libertado (Ames 1966). Uma unidade de atividade de fosfatase foi definida como a quantidade de enzima que liberta 1 μ kat Pi minx .[1]

Recolha de plantas aromáticas e medicinais e preparação de extractos.

As plantas foram selecionadas para o estudo com base na sua utilização medicinal. As plantas frescas foram colhidas na floresta de Tirumala e nas áreas circundantes da Universidade de S.V. durante abril - junho de 2010. As folhas frescas foram recolhidas sem manchas de doença e foram lavadas cuidadosamente 2-3 vezes com água corrente da torneira e depois com água destilada. Os extractos de plantas foram preparados pelo método de maceração a frio. Os materiais vegetais foram também secos à sombra e triturados em pó fino utilizando uma misturadora eléctrica. 50 g de pó foram embebidos em 300 ml de água destilada durante 48 horas com agitação intermitente num agitador. Os extractos de plantas foram filtrados através de papel de filtro Watmann n.º 1 para frascos de comprimidos. Os filtrados foram secos até se obter um peso seco constante de cada extrato.

Efeito de extractos de plantas aromáticas e medicinais contra alguns fungos do solo

Os extractos aquosos de 15 plantas (Tabela 1) foram analisados contra algumas estirpes de fungos, nomeadamente *A. niger, A. flavus, A. japonicus, A. terreus, Cladosporiumcladosporides, Chaetomiumglobosum, Nigrosporasphaerica e* penicilliumsp. A técnica de alimentos envenenados foi utilizada para analisar a atividade antifúngica (Nene e Thapliyal, 1993). Foram preparadas diferentes concentrações de extrato (100 mg (1000 ppm), 500 mg (5000 ppm) e 1000 mg (10.000 ppm). As placas foram preparadas deitando 50 ml de meio fundido em placas de Petri estéreis. Estas placas foram deixadas a solidificar durante 5 minutos. As culturas de fungos foram inoculadas pontualmente na superfície do meio e o inóculo foi deixado a secar durante 5 minutos. As placas foram mantidas para incubação a 27^0 C durante 72 horas. Após a incubação, as zonas de inibição formadas à volta das colónias foram medidas com uma régua transparente em cms. Estas experiências foram efectuadas em triplicado.

Quadro:1. lista de plantas aromáticas e medicinais selecionadas

S.n.	**Nome da planta**	**Parte útil**	**Família**
1.	*CymbopogoncitratesDc.*	Óleo de folhas	Poaceae
2.	*CymbopogoncoloratusNee* ex Hook &Am	Óleo de folhas	poaceae
3.	*RhynchosiabeddomeiBaker.*	folha	Fabáceas

4.	*AzadirachtaindicaA.*Juss.	Folha, Casca	Meliáceas
5.	*IndigferabarberiL.*	Folha	Fabáceas
6.	*Balanitesaegyptica* L(Del).	Casca	Balanitaceae
7.	*AndrographispaniculataBurm* f.	Folha	Acantáceas
8.	*Hyptissuaveolens* L.	Folha	Lamiaceae
9.	*Cassia occidentalisL.*	Folha	Caesalpiniaceae
10.	*Cassia sennaL.*	Folha	Caesalpiniaceae
11.	*Cassia toraL.*	folha	Caesalpiniaceae
12.	*Strichnosnux-vomicaL.*	Casca	Strichnaceae
13.	*Eucalyptus citridoraGancho.*	Casca	Myrtaceae
14.	*AristolochiaindicaL.*	Folha	Aristolocaceae
15.	*Corollocarpusapigaeus* Rottl&Wild.	Tubérculo	Cucurbitáceas

Capítulo - 3

RESULTADOS

No presente estudo, foram recolhidos diferentes tipos de solos de diferentes locais do distrito de Chittoor (nomeadamente solos vermelhos, pretos, de arrozais, virgens e de lagos secos) e analisados em relação aos fungos do solo através da técnica de diluição em série em placas, utilizando o meio de ágar Rosa de Bengala de Martin. Apenas alguns fungos foram obtidos predominantemente - *Aspergillusniger,Aspergillusflavus, Aspergillusjaponicus, Aspergillusterreus, Penicilliumsp, Sclerotiumrolfsii, Chaetomiumglobosum, CladosporiumcladosporideseNigrosporasphaerica* etc,

Quadro: 2: **População de fungos de diferentes tipos de solo do distrito de Chittoor.**

S. não.	**Nome do solo**	**N.º de fungos / gr de amostras de solo**
1.	Terra preta	16
2.	Terra vermelha	12
3.	Solo de arrozal	06
4.	Solo de lago seco	04
5.	Solo virgem	06
	N.º total de fungos por gr de solo	**44**

Média de três réplicas de três experiências.

Foram obtidos cerca de 44 fungos de todos estes tipos de solo. Os resultados indicaram que a maioria das estirpes foi isolada das amostras. Das 44 estirpes, foram isoladas 12 estirpes fúngicas de solo vermelho, 16 estirpes fúngicas de solo preto, 06 estirpes fúngicas de arrozal, 6 estirpes fúngicas de solo virgem e 4 estirpes fúngicas de solos secos de lagos.

Os seguintes fungos foram processados para várias caraterísticas bioquímicas, como actividades amilolíticas, celulolíticas, pectolíticas e de solubilização de fosfato.

Tabela: 3: Diferentes tipos de enzimas produzidas por fungos do solo

S.n.	**Nome da enzima**	**N.º de fungos**
1	Amilase	06
2	Celulase	08
3	Pectinase	04

4	Fosfatase	06

Fungos do solo produtores de amilase

Entre as vinte e uma estirpes analisadas quanto à atividade amilolítica, três foram identificadas como boas produtoras. Com base no tamanho do halo à volta das colónias em placas contendo meios suplementados com um por cento de amido como única fonte de carbono, por exemplo: *Aspergillusniger, A. japanicus, A. terreus, A. flavus, Cladosporiumcladosporides* e *Chaetomiumglobosum.*

Tabela: 4: Fungos do solo produtores de amilase

S.n.	**Nome dos fungos**	**Zona livre (mm)**
1.	*Cladosporiumcladosporides*	20
2.	*Aspergillus niger*	20
3.	*Aspergillusjaponicus*	15
4.	*Chaetomiumglobosun*	15
5.	*Aspergillusterreus*	10
6.	*Aspergillusflavus*	15

Média de três experiências de cada réplica

Fungos do solo produtores de celulase

Entre todas as estirpes analisadas quanto à atividade celulolítica, sete foram identificadas como produtoras de celulose, nomeadamente, *Aspergillus niger, A. flavus, Nigrosporasphaerica, Chaetomiumglobosum* e *Cladosporiumcladosporides.*

Tabela:5: Fungos do solo produtores de celulase

S.n.	**Nome dos fungos**	**Zona livre (mm)**
1.	*Aspergillus niger*	09
2.	*Aspergillus niger*	05
3.	*Aspergillus niger*	10
4.	*Aspergillusflauvs*	15
5.	*Nigrosporasphaerica*	12
6.	*Chaetomiumglobosum*	12
7.	*Cladosporiumcladosporides*	06

8.	*Penicillium* sp.	15

Média de três experiências de cada réplica

Fungos do solo produtores de pectinase

Entre todas as estirpes analisadas quanto à atividade pectolítica, quatro foram identificadas como produtoras de pectinase, *nomeadamente Aspergillusniger, A. flavus, A. japonicas e Chaetomiumglobosum.*

Tabela: 6: Fungos do solo produtores de pectinase

S.n.	Nome dos fungos	Zona livre (mm)
1.	***Aspergillus niger***	10
2.	***Aspergillusflavus***	15
3.	***Chaetomiumglobosum***	12
4.	***Aspergillusjaponicus***	10

Média de três experiências de cada réplica

Fungos do solo solubilizadores de fosfatos

De todos os 9 isolados analisados quanto à atividade de fosfatase, verificou-se que *Aspergillusniger, A. japonicus, Chaetomiumglobosum, Cladosporiumcladosporides e Penicilliumspecie* são produtores potentes de fosfatase.

Tabela:7: Fungos do solo produtores de fosfatase

S.n.	Nome dos fungos	Zona livre (mm)
1.	*Aspergillus niger*	10
2.	*Cladosporiumdadosporides*	20
3.	*Aspergillusjaponicus*	20
4.	*Aspergillusflauvs*	10
5.	*Penicillium* sp.	10
6.	*Chaetomiumglobosum*	05

Média de três experiências de cada réplica

Estes fungos que mostram actividades positivas de todas ou de qualquer uma destas caraterísticas bioquímicas foram selecionados e testados contra os efeitos de alguns extractos de plantas aromáticas e medicinais.

Cymbopogoncitratus

A Cymbopogancitratus, vulgarmente conhecida como óleo de erva-cidreira, é uma planta tropical do Sudeste Asiático, que é frequentemente vendida sob a forma de caule. As suas folhas são utilizadas para fazer chá, que pode aliviar problemas de estômago e intestinos. Também pode atuar como anti-depressivo e como estimulante do humor. Desenvolve-se em regiões temperadas mais quentes e não é resistente à geada. Pensa-se que tem propriedades ansiolíticas, hipnóticas e anti-convulsivas, mas pelo menos um estudo não encontrou qualquer efeito nos seres humanos. A sua composição é de 65-85% de citral. *O Cymbopogoncitratus* contém ingredientes activos como o mirceno, um antibacteriano e analgésico, a citronela e o geranilol (Blanco *et al.*, 2009).

Cymbopogon é uma planta da família das gramíneas que contém 1-2% de óleo essencial em base de peso seco, com grande variação (da composição química em função da diversidade genética), habitat e tratamento agronómico da cultura.O óleo essencial de erva-cidreira é caracterizado por um elevado teor de citral (isómeros neural e geranial 69%), que é utilizado como matéria-prima para a produção de ionona, vitamina A e β-caroteno. O óleo de erva-cidreira apresenta um amplo espetro de fungitoxicidade, inibindo várias espécies de fungos em diferentes concentrações e a sua potência tóxica para fungos mantém-se inalterada durante 210 dias de armazenamento, após o que começa a diminuir. Além disso, o óleo essencial de *Cymbopogancitratus* foi superior aos fungicidas sintéticos como Agrosan GN, Dithane M-43 e oxicloreto de cobre. (Mishra *et al.*,1994). Existe, portanto, um interesse considerável na aplicação do óleo de citronela para a preservação de culturas alimentares armazenadas (Mishra *et al.*, 1994).

O citral é uma das substâncias biologicamente activas mais importantes isoladas da *Cymbopogoncitratus*, que se descobriu ajudar a digestão, aliviar espasmos, cãibras musculares, reumatismo e dores de cabeça. Um chá feito a partir da folha de *Cymbopogancitratus* tem sido utilizado para tratar febre, constipação, tosse, dores de estômago e tem propriedades diuréticas e pode ajudar nas dificuldades de urinar e na retenção de água. Extractos de ambas as folhas e caules de *Cymbopogancitratus* também são usados como medicina herbácea para tratar condições nervosas e inflamação (Ramirez *et al.*, 1988).

Citral como um componente principal (>70%) do óleo essencial *de CymbopogonCitratus* também foi relatado por muitos outros trabalhadores (Sacchttiet *al.*, 2005).*Matasyohet al.*, (2011) detectaram a atividade do óleo *de cymbopogoncitratus* contra os fungos micotoxingénicos (espécies de *Aspergillus*) com valor MIC variando de 15 a 118 mg/ml.Cymbopogannão demonstrou propriedades antibacterianas em estudos laboratoriais. (Duarte *etal.*,2006). Alguns exemplos de organismos contra os quais o capim-limão tem atividade são *Escherichia coli, Salmonella enterica* e *Klebsiellapneumoniae.* (Rojas-Grauet *al.*, 2006). O capim-limão também demonstrou atividade contra agentes patogénicos comuns do trato respiratório como *Haemophilusinfluenzae*, *Pseudomonas aeroginosa*, *Streptococcus aureus*,

Streptococcus pyogenes e *Staphylococcus aereus* (Inouye *et al*., 2001). Um estudo mostrou que *o Cymbopogoncitratus* inibe completamente o crescimento de *Helicobacter pylori* sem desenvolver resistência, enquanto a claritromicina desenvolveu resistência nas mesmas condições. (Ohnoet *al*., 2003). Foi também referido que a erva-limão aumenta a atividade do fenoxitanol contra *Escherichia coli* (Meloet *al*., 2001) e *Staphylococcus aureus* (Onawunmiet *al*., 1988).

Foi demonstrado que *o Cymbopogancitratus* tem propriedades antifúngicas em estudos laboratoriais. (Pawar e Thaker, 2006). Alguns exemplos de fungos incluem várias espécies de *Aspergillus* e *Candida albicans*. O óleo também provou ser eficaz como conservante na prevenção do crescimento de fungos nos alimentos. Existem vários mecanismos de ação antifúngicos propostos para o óleo de citronela. Demonstrou um efeito inibitório sobre o crescimento de hifas e a formação de esporos em *Aspergillusniger*, bem como a rutura da membrana plasmática e a desorganização da estrutura mitocondrial (de Billerbecket *al*., 2001). *Cymbopogonmartinii* também demonstrou causar a fuga de K^+ da célula de levedura, bem como alterações na composição da membrana da célula de levedura (Prasharet *al*., 2003). O óleo de *Cymbopoganmartini* e Cymbopogancitratus *contra Cladosporium sp, Aspergillusfumigates, A.niger, Candida* sp, *Mucar, Trichophytonrubram* e *Trichophytonviollacellium*, causando doenças em seres humanos (Singatwadia e Katewa, 2001).

Os extractos aquosos e metanólicos de *Hoslundiaopposita*, *Lantana camara* e *Cymbopogoncitratus*, quando utilizados contra alguns organismos patogénicos, tais como *Klebsiellapneumoniae, Staphylococcus aureus, Streptococcus mutans, Pseudomonas aeruginosa e Escherichia coli*, mostraram uma atividade antibacteriana marcada. Esta observação contra organismos Gram-positivos e Gram-negativos indicou um amplo espetro de atividade, uma vez que todos os organismos foram sensíveis aos extractos (Ojoet *al*., 2010).

Hyptissuaveolens

Mandaet *al*., (2007) observaram uma menor atividade nos extractos etanólicos de *Hyptissuaveolens* do que na destilação a vapor e no extrato de éter de petróleo contra estirpes bacterianas e fúngicas. O óleo de *Hyptissaveolens tem predominância* de sabineno (820,8%), β-cariofileno (13,1-30,2%), benzoato de benzila (13,6-30,2%) e um hidrocarboneto diterpeno II (7,9-16,8%), enquanto o óleo dos caules da mesma localidade era rico em sabineno (1,4-9,4%), β-cariofileno (16,3-31%), hidrocarboneto diterpeno II (11,1-15,1%) e palustrol (816,7%). O quimiotipo das folhas de Jacqueville (Sudeste) foi constituído por 1,8-cineol (11,9%) e β-cariofileno (32,5%).

Hyptissuaveolensis é utilizada popularmente no tratamento de infecções respiratórias e gastrointestinais, indigestão, constipação, dor, febre, cólicas e doenças de pele (Asekunet *al*., 1999; Oliveira *et al*., 2005). As folhas são usadas como um agente anticancerígeno e antifertilidade (em mulheres), enquanto o seu extrato aquoso mostrou um efeito antinociceptivo e toxicidade aguda (Santos *et al*., 2007). Apesar de alguns relatórios (Zolloet *al*., 1998) terem encontrado propriedades antibacterianas e antifúngicas do óleo essencial de H. *suaveolens*, tem havido uma falta de estudos que enfatizem a sua atividade *anti-Aspergillus*.

Asekunet *al.,* (1999) relataram que o óleo das folhas de *Hyptis suaveolens* (5 mg/L) apresentou atividade inibitória significativa contra bactérias gram-positivas *(Staphylococcus aureus* e *Bacillus cereus*) e gram-negativas (*Escherichia coli* e *Pseudomonas aeruginosa*) e leveduras (*Candida albicans*). O óleo essencial das folhas de *Hyptissuaveolens* mostrou atividade de largo espetro contra *espécies de Aspergiluss* estudadas por Ana Carolina Pessoa Moreira *et al.,* (2010).

Maleleet *al.,* (2003) relataram uma forte atividade antifúngica para o óleo do extrato de folhas de *Hyptis suaveolens* contra *Saccharomyces cerevisiae, Mucor sp.* e *Fusariummoniliforme*, enquanto Asekunet *al,* (1999) relataram que o óleo das folhas *de Hyptis suaveolens* tem uma atividade inibidora contra bactérias gram-positivas (*Staphylococcus aureus* e *Bacillus cereus*) e gram-negativas (*Escherichia coli* e Pseudomonas *aeruginosa)* e leveduras (*Candida albicans*).

Nemetree (Azadirachtaindica)

A árvore de Neem (*Azadirachtaindica)* da família Meliaceae é uma árvore perene, que se encontra na maioria dos países tropicais. Quase todas as partes da árvore têm sido utilizadas desde tempos antigos para tratar uma série de doenças humanas e também como pesticida doméstico (Chattopadhyayet *al.*, 1993; Venugopal e Venugopal, 1994; Majumdaret *al.*, 1998). O extrato da casca, das folhas, dos frutos e da raiz do neem tem sido utilizado para controlar a lepra, a helmintíase intestinal e as perturbações respiratórias nas crianças. O extrato da casca é também utilizado como tónico, adstringente e útil no alívio da febre, sede, náuseas, vómitos e doenças da pele (Senguptaet *al.*, 1960).

[th]A investigação química sobre os produtos da árvore do neem foi amplamente efectuada em meados do século XX. O isolamento da nimbina foi relatado como o primeiro composto amargo isolado do óleo de nim, mais de 135 compostos foram isolados de diferentes partes do nim (Kausiket *al.,* 2002). A atividade imunomoduladora do extrato de casca de nim também foi relatada (Van Der *et al.*, 1987). As utilizações medicinais e industriais de várias partes da árvore de neem e os compostos isolados foram revistos. O pó da casca (Schmutterer, 1995) contém açúcar, proteínas, aminoácidos e óleo (SubramanianandLakshmanan,1996). Polissacáridos como arabinofucoglucanos e fucogalacto-glucoarabinanos foram também isolados da casca de neem. Os flavonóides, os flavonoglicosídeos, as dihidrochaloconas, os taninos e outros são também constituintes importantes da casca, das folhas, dos frutos e das flores da neem (Devakumar e SukhDev, 1996). As actividades biológicas e as propriedades medicinais do neem foram recentemente comunicadas (Biswaset *al.,* 2002).

O extrato de folhas de neem (*Azadirachta indica)* foi utilizado para o estudo do controlo de doenças das plantas, sendo ecologicamente correto. O estudo mostrou que o neem, *A. indica*, como planta medicinal, possui propriedades antifúngicas potentes nas folhas que inibem o crescimento de micélios. Contém compostos fitoquímicos como a azadiractina, o betasiterol, o 6-desacetil nimbineno e a 3-desciacetilalamina que apresentam propriedades antifúngicas (Suleiman, 2010). Alcalóides, taninos e esteróides estavam presentes em diferentes partes da amargoseira. A capacidade do extrato de folha de nim para reduzir o crescimento de micélios de *Curvularialunata* isolados do próprio nim, a sua própria micoflora endofítica também provou que o nim tem propriedades antifúngicas elevadas (Verma e

Kharwar, 2006).

As propriedades fungicidas dos extractos de nim são promissoras. Lalet *al.*, (1980) mostraram que o óleo de nim e os extractos de bolo de sementes de nim reduziram significativamente a germinação conidial em vários fungos, especialmente *Sclerosporasacchari*, isolados do milho. O crescimento de ambos os fungos saprófitas Rhizopua *e Aspergillus foi* inibido com o extrato aquoso bruto e alcoólico de diferentes folhas envelhecidas de *Azadirachtaindica* (Mandali, 2009). O óleo de nim suprime várias espécies de bactérias patogénicas, tais como Staphilococcusaureus *e S. typhosa,* todas as estirpes de *M. tuberculosis* (Raoet *al.*, 1986). O crescimento de S.*paratyphi* e *Vibryocholerae* foi inibido (Rao, 2005). A eficácia do NIM-76, uma fração espermicida do óleo de nim, foi investigada quanto à sua ação antimicrobiana contra certas bactérias, fungos e poliovírus em comparação com o óleo de nim inteiro. Isto mostra que o NIM-76 tem uma potente atividade antimicrobiana de largo espetro (SaiRam, 2000).

Andrographis paniculata

A atividade antibacteriana *in vitro* do extrato etanólico das folhas de *Andrographispaniculata* e do andrographolide contra as bactérias patogénicas mostrou a ação inibidora máxima contra *Escherichiacoli, Klebsiellapneumoniae e proteus vulgaris* (Aniel Kumar *et al.*, 2010). Os extractos de acetona e de álcool mostraram uma elevada atividade contra *Bacillussubtilis* e *Staphylococcus aureus* (Hosamanet *al.*, 2011; Aniel Kumar *et al.*, 2010).Atividade antibacteriana contra estirpes bacterianas causadoras de doenças da pele; *Staphylococcussaprophyticus, Staphylococcus epidermis,Staphylococcus aureus, Streptococcus pyogenes, Bacillus anthracis, Micrococcus luteus, Proteus mirabilis, Proteusvulgaris, Neisseria meningitis, Pseudomonas aeruginosa).* A atividade antibacteriana significativa mais elevada foi exercida pelo extrato aquoso contraMicrococcus *luteus*(AbubakarSuleet *al.*, 2011).

Diferentes extractos de plantas, como *Trametesversicolor, Lentinulaedodes, Grifolafrondosa* e *Ganodermalucidum*, inibem a produção de aflatoxina de *Aspergillusparasiticus* em cerca de 40 a 90% e o crescimento de *A. paraziticus também* (Wasser e Weis,1999; Zjalicet *al.*, 2006). *Rhodococcuserythropolis* inibe o crescimento de *A. flavus* e a produção de aflatoxinas (Reddy *et al.*, 2010). Irkin e Korukluoglu (2007) comunicaram os efeitos de diferentes extractos de plantas; alho, cebola e alho francês sobre *A. niger*. O extrato clorofórmico *de Garcinia* tem um efeito anti aflatoxigénico e antioxidante. As estruturas miceliais dos isolados foram observadas utilizando um microscópio composto após coloração com azul de lactofenol-algodão e foram identificadas ao nível das espécies.

Rhynchosiabeddomei

Os extractos de éter de petróleo e de acetato de etilo das folhas de Rhynchosiabeddomei mostraram atividade inibidora contra algumas espécies bacterianas (*Bacillus subtilis, Staphylococcusaureus, Echerichia coli, Pseudomonas aeruginosa*) e fúngicas (*Candida albicans*) em diferentes concentrações (Bakshu, VenkataRaju, 2001).

Isto será efectuado em Gram positivos, Gram negativos e fungos como *Staphylococcus aureus, Pseudomonas aeruginosa, Escherichia coli, Bacillus subtilis* e *Candida albicans* utilizando meios estéreis pelo método de difusão em disco. A zona de inibição do extrato aquoso e alcoólico das folhas de *Rhynchosiabeddomei* Baker será medida e comparada com a de medicamentos padrão como a amoxicilina, a ciprofloxacina, etc. (Pelzaret *al.*, 2004; Balaji *et al.*, 2006). **Caracteres de identificação dos fungos testados**

Aspergillusflavus

As colónias *de A. flavus* crescem rapidamente e o seu crescimento é geralmente melhorado a 37o C. As colónias são amarelas a verde-amareladas escuras, consistindo num denso feltro de conidióforos ou vesículas maduras com fialídeos em toda a sua superfície. A cor das colónias pode ser influenciada por aditivos do meio de cultura, por *exemplo,* extrato de levedura. As colónias em ágar dextrose de batata a 25°C são verde azeitona a verde lima com um reverso creme. A textura é lanosa a cotonosa a algo granular. Os esclerócios, quando presentes, são castanho-escuros a pretos. Nalguns isolados pode estar presente um exsudado transparente a castanho claro. Colónias efusivas, de cor verde-limão, com conidióforos rugosos e conídios lisos a muito finamente rugosos distinguem *o A. flavus do* similar *A.parasiticus,* que produz conídios muito rugosos (e também aflatoxina). *O A.*fumigatuss *apresenta* uma pigmentação típica da superfície azul-esverdeada, com uma superfície semelhante a uma camurça, constituída por uma densa camada de conidióforos.

Morfologia microscópica de *Aspergillusflavus*

As hifas *de Aspergillus* são septadas e apresentam ramificação dicotómica, em ângulo de 45° . As hifas maiores podem assemelhar-se a hifas de Zygomycetes. As cabeças dos conídios são radiadas a frouxamente colunares com a idade. Os conidióforos são grosseiramente ásperos, não coloridos, com 400 a 850 µm de comprimento e 15-20 µm de largura, vesículas esféricas (20-45 µm), metábolas (8-10 x 5-7 µm) cobrindo quase toda a vesícula em espécies bisseriadas. As cabeças dos conídios são radiadas, uni e bisseriadas; no entanto, alguns isolados podem permanecer unisseriados, produzindo apenas fiálides (8-12 x 3-4 µm) cobrindo a vesícula. Os conídios são verde-claros e conspicuamente equinulados, lisos a muito finamente rugosos, (sub)esféricos, com 3,5 - 6 µm de diâmetro. As cleistotecas estão geralmente ausentes em *A. flavus*, mas estão presentes em *A. glaucus.*

Aspergillus niger

As hifas são septadas e hialinas. As cabeças dos conídios são inicialmente radiadas, dividindo-se em colunas na maturidade. A espécie é bisseriada (as vesículas produzem células estéreis conhecidas como métulas que suportam os co-nidiogenousphialides). Os conidióforos são longos (400-3000µm), lisos e hialinos, tornando-se mais escuros no ápice e terminando numa vesícula globosa (3075 µm de diâmetro). Metábolas e fialídeos cobrem toda a vesícula. Os conídios são castanhos a pretos, muito rugosos, globosos e medem até 6 ou 7µm de diâmetro. Syncephalastrumracemosum, geralmente considerado um contaminante, pode, à primeira vista, assemelhar-se a *A. niger*, mas um exame cuidadoso revela esporângios tubulares e a ausência de fiálides

Aspergillusterreus:*A.terreus* pertence ao género *Aspergillus*, subgénero A.*nidulans* e pode ser identificado em laboratório por métodos morfológicos. Os membros desta espécie são diversos na sua morfologia colonial e podem crescer como colónias cor de laranja brilhantes até colónias que aparecem como vários tons de castanho canela. Em ágar Czapek, *A.terreus* cresce rapidamente com colónias de aspeto muito variável, desde colónias fortemente esporuladas a fenótipos fofos e pouco esporulados. Microscopicamente, os conidióforos são tipicamente longos, colunares, incolores (hialinos) e lisos, dando origem a vesículas subesféricas que são bisseriadas. Os conídios variam em tamanho de 1,52,4 mm de diâmetro, têm paredes lisas, são globosos a ligeiramente elípticos e estriados.

Nigrosporasphaerica

As colónias totalmente desenvolvidas eram planas e de cor cinzenta, com micélio castanho escuro, septado e ramificado. Os conídios eram pretos, unicelulares, globosos (12,4-18,5 µm), carregados numa vesícula hialina na ponta do conidióforo.

Sclerotiumrolfsii

As hifas brancas e sedosas, de crescimento rápido, tendem a agregar-se em cordões rizomórficos. Em cultura, toda a área de uma placa de Petri é rapidamente coberta por micélio, incluindo hifas aéreas que podem cobrir a tampa da placa. De facto, o crescimento do fungo é tão rápido que Rolfs mencionou que "se a temperatura for de 80-90 F, em 48 horas ter-se-á um crescimento que, em termos de aparência, rivalizará com a pata de cisne". Tanto em cultura como em tecido vegetal, pode observar-se uma extensão micelial em forma de leque a crescer para fora e a ramificar-se agudamente).

Doenças das plantas

Sabe-se que as doenças das plantas causam perdas sem precedentes em todo o mundo. As culturas intensivas e extensivas, com o objetivo de produzir mais a partir de terras limitadas, conduziram a um aumento do problema das doenças e das pragas. Globalmente, várias pragas causam anualmente uma redução de 40% do rendimento das principais culturas alimentares e de rendimento, sendo as doenças das plantas responsáveis por 20% (Oerkeet *al.* 1994). Na Índia, as perdas anuais devidas a vários parasitas ascendem a INR 30 000 crores (aproximadamente 60 mil milhões de dólares), dos quais as doenças representam 28%, custando aproximadamente INR 8 400 crores (16,8 mil milhões de dólares; Srivastava 2001). De acordo com estimativas recentes, a Índia perde anualmente INR 1,40,000crores de colheitas devido a vários insectos-praga, doenças e ervas daninhas (Kumarasamy 2008). Assim, uma população cada vez maior, por um lado, e as doenças e pragas das plantas, por outro, ameaçam continuamente a segurança alimentar. Uma vez que não é fácil aumentar as terras aráveis para produzir alimentos adicionais que satisfaçam as necessidades da população em crescimento, a opção consiste em garantir a segurança sanitária das nossas culturas e proteger as perdas de pragas e doenças.

Patogenecidade dos fungos testados

Os fungos do género Aspergillus têm uma longa história de associação com a espécie humana. O género foi descrito pela primeira vez por Micheli em 1729. Alguns são importantes agentes patogénicos para o homem e para as plantas, enquanto outros são úteis na produção de vários produtos alimentares fermentados muito apreciados pela humanidade. Devido à sua versatilidade metabólica, as espécies deste género têm um grande potencial biotecnológico e várias são utilizadas para a produção de numerosos subprodutos alimentares e não alimentares. Os fitopatógenos são motivo de preocupação não só pela sua capacidade de destruir várias culturas alimentares agronomicamente importantes, mas também devido à sua capacidade de produzir várias micotoxinas. Estas micotoxinas estão associadas a espécies ou subgéneros específicos de *Aspergillus* e são, em geral, tóxicas para o gado, as aves de capoeira, os peixes e os seres humanos.

Embora não sejam consideradas a principal causa de doenças das plantas, as espécies de *Aspergillus* são responsáveis por várias perturbações em diversas plantas e produtos vegetais. As espécies mais comuns são *A. niger e A. flavus, seguidas de A. parasiticus, A. ochraceus, A. carbonarius e A. alliaceus.* Podem contaminar os produtos agrícolas em diferentes fases, incluindo a pré-colheita, a colheita, a transformação e o manuseamento. As alterações devidas à deterioração por espécies de *Aspergillus* podem ser de natureza sensorial, nutricional e qualitativa, tais como: pigmentação, descoloração, apodrecimento, desenvolvimento de odores e sabores estranhos. No entanto, a consequência mais notável da sua presença é a contaminação de alimentos e rações com micotoxinas. Por serem agentes patogénicos oportunistas, a maior parte deles são encontrados como bolores de armazenamento em produtos vegetais. Foram identificadas várias micotoxinas em alimentos e rações contaminados por espécies de *Aspergillus*, sendo as mais importantes as aflatoxinas e a ocratoxina A (Varga *et al.*, 2004).

Algumas espécies de *Aspergillus* causam doenças graves nos seres humanos e nos animais. As espécies patogénicas mais comuns são *Aspergillus fumigatus* e *Aspergillus flavus. O Aspergillus flavus* produz aflatoxina, que é uma toxina e um carcinogéneo, e que pode contaminar alimentos como os frutos secos. As espécies mais comuns que causam doenças alérgicas são *o Aspergillus fumigatus* e *o Aspergillus clavatus.* Outras espécies são importantes como agentes patogénicos agrícolas. *Aspergillus* spp. causam doenças em muitas culturas de cereais, especialmente no milho, e sintetizam micotoxinas, incluindo a aflatoxina.

Classificação científica

Reino: Fungi

Divisão: Ascomycota

Classe: Eurotiomycetes

Encomenda: Eurotiales

Família: Trichocomaceae

Género: Aspergillus

Espécies:

1 ***Aspergillus niger***

Os *Aspergilli* negros são normalmente encontrados como organismos do solo que decompõem resíduos vegetais mortos (Lich, 2002) e são patogénicos para várias culturas. A maioria das espécies de *Aspergillus* negros está associada a uvas, cebolas, milho e amendoins, onde são citados como agentes patogénicos causadores de doenças como o míldio das plântulas do amendoim e do milho e a podridão do grão do milho. Desde cedo, foi dada atenção às espécies de *Aspergillus* como causas de toxicidade animal, principalmente aves de capoeira (Forgacs e Carll, 1962). Vários relatórios evidenciaram que os membros do complexo de espécies *A. niger*, juntamente com *A. carbonarius* e A. *japonicus* ou *A.aculeatus*, são frequentemente responsáveis pela deterioração pós-colheita de fruta fresca (maçãs, pêras, pêssegos, citrinos, uvas, figos, morangos, tomates, melões, etc.) e de alguns produtos hortícolas (especialmente cebolas, pêssegos, citrinos, uvas, figos, morangos, tomates, melões, etc.).) e alguns produtos hortícolas (especialmente cebolas, alho e inhame); além disso, também se encontram entre os fungos mais comuns isolados de frutos secos, feijões, sementes oleaginosas e frutos de casca rija (amendoins, nozes, pistácios, avelãs, amêndoas, nozes, etc.) (JECFA 2001).

2 ***Aspergillusflavus***

É a espécie de fungo mais importante que produz toxinas fúngicas nos alimentos humanos, animais e aves. Os fungos podem produzir aflatoxina em muitos produtos vegetais como amendoim, pistácio, coco, soja, milho, arroz, algodão e cereais (Farombi, 2006). Quando os animais utilizam alimentos envenenados pela aflação, a toxina é metabolizada no fígado e excretada como aflatoxina M, AFM do leite, da urina e das fezes. A aflotoxina é muito perigosa para a saúde humana e animal porque provoca cancro do fígado, actividades anti-imunológicas, redução do crescimento e do peso. O principal órgão-alvo de toxicidade e carcinogenicidade é o fígado (Bankole e Adebanjo, 2003).

A. flavus causa aspergilose em animais e aves, com complicações respiratórias, digestivas, cutâneas e aborto. A doença Turkey-X do amendoim foi causada por *A. flavus* e A. parasiticus (Allcroftet *al.*, 1961). *O Aspergillusflavus* estava presente em todas as sementes de árvores florestais. *O A. flavus é um* fungo originário de sementes isolado de sementes de *Eucalyptus, Chuckrasiavelutina, Pinuserardiana* e *Acacia niloticaAnthocephaluschinensis ,Terminaliachebula, Buchananialanzan (*Mehrotraet *al.*, 2000),

3 . ***Aspergillusterreus***

Classificação científica

Reino: Fungi

Divisão: Ascomycota

Classe: Eurotiomycetes

Encomenda: Eurotiales

Família: Trichocomaceae

Género: *Aspergillus*

Espécies: *A. terreus*

Aspergillusterreus é um saprófito comum do solo que foi recuperado de solos desérticos, prados e pilhas de composto, bem como de contaminantes de milho, cevada e amendoins armazenados. *A. terreus* produz uma variedade de metabolitos secundários que são economicamente significativos, como a lovastatina, um fármaco anti-hipercolesterolémico (Vargaet *al*., 2005). Esta espécie é também clinicamente significativa, causando infecções que vão desde infecções superficiais, como a onicomicose, até à aspergilose invasiva (AI) em hospedeiros gravemente comprometidos do ponto de vista imunitário (Symoenset *al*., 2000). *A. terreus* causou danos graves a plântulas de trigo e azevém, especialmente em solo esterilizado de Lancelin, onde reduziu o peso fresco dos rebentos e das raízes dos hospedeiros. *A. terreus* pode causar infecções oportunistas em pessoas com sistemas imunitários deficientes (Thom e Church (1918).

4.*Sclerotiumrolfsii*

Este fungo é um conhecido agente patogénico polífago. O fungo foi registado pela primeira vez por Rolfs (1892) como causa do míldio do tomateiro na Flórida, nos EUA. Saccardo (1911) designou o fungo como *S. rolfsii* sp. nov. A sua descrição latina do fungo baseou-se no material recolhido na Flórida por Rolfs e apresentado por Stevens. Na Índia, Shaw e Ajrekar (1915) isolaram um organismo de batatas apodrecidas e identificaram-no como RhizoctoniadestruensTassi. Porém, estudos posteriores revelaram que o fungo envolvido era *S. rolfsii* (Ramakrishnan, 1930). Higgins (1927) trabalhou em pormenor sobre a fisiologia e o parasitismo de *S. rolfsii.* Este foi o primeiro estudo pormenorizado e abrangente nos EUA. Os seus estudos lançaram as bases para muitas investigações subsequentes e para o início da era moderna da investigação sobre este fungo. Curzi (1931) estudou a fase perfeita do fungo em cultura pura e propôs o nome genérico de Corticium. Na Índia, Mundkur (1934) isolou com sucesso a fase perfeita de *S.rolfsii.*

5 *Chaetomiumglobosum*

Foram identificadas 69 espécies de fungos que causam a podridão mole, sendo a mais destrutiva *Chaetomiumglobosum* (Savory, 1954). *Chaetomiumglobosum* foi relatado como sendo endofítico de várias plantas hospedeiras incluindo *Canvalia maritime* (Seena e Sridhar 2004), *Ipopmeapes-caprae*, *Launeasarmentosa* e *Polycarpaeacorymbosa* (Beenaet *al.*, 2000), e algumas plantas medicinais nomeadamente *Terminaliaarjuna*, *Crataeva magna*, *Azadirachtaindica*, *Holarrhenaantidysentrica* (Tejesviet *al.* 2006). Purohitet *al*., (1996), *Chaetomium* é um fungo originário de sementes isolado de sementes de *Pithecelobiumdulce*, *Tamrindusindica* e *Terminaliabellirica.*A biodegradação da madeira de cal foi induzida artificialmente para avaliar os danos da madeira de cal causados por Chaetomiumglobosum.(Carmen- mihaelapopescuet *al.* 2011).

6 *Cladosporiumcladosporioides*

Classificação científica

Reino: Fungi

Filo: Ascomycota

Classe: Dothideomycetes

Subclasse: Dothideomycetidae

Ordem: Capnodiales

Família: Mycosphaerellaceae

Género: Cladosporium

Espécies: *C. Cladosporioides*

O Cladosporiumcladosporioides é um fungo fitopatogénico que afecta o trigo (Jacyno, *et al.*, 1993). É a fonte de uma série de compostos químicos conhecidos como calfostinas (Kobayashi *et al.*, 1989). *O Cladosporiumcladosporioides* é um fungo originário de sementes isolado de sementes de *Eucalyptus* , *Grewiaoptiva*, (Mehrotraet *al.*, 2000), Surtos de podridão por Cladosporium associados a uvas de vinho de colheita tardia no Chile (Briceno e Latorre, 2007).

7 *Penicillium*

Classificação científica

Reino:Fungi

Filo: Ascomycota

Classe:Eurotiomycetes

Encomendar: Eurotiale

Família:Trichocomacea

Género:*Penicillium*

A Penicillinis, vulgarmente conhecida como bolor, é uma das principais causas de deterioração dos alimentos. Muitas espécies produzem micotoxinas altamente tóxicas. Algumas espécies têm uma cor azulada, crescendo normalmente no pão velho e dando-lhe uma textura azulada e felpuda. *O Penicillium* é um fungo originário de sementes isolado de sementes de *Eucalyptus*, *Anthocephaluschinensis, Pinusgerardiana* e *Acacia nilotica*; *Buchananialanzan* (*Mehrotraet al.*, 2000). *Penicilliumcitrinum* foi detectado em sementes de *Micheliachampaca, Albiziaprocera, Paulownia fortune* e *Bhauhiniapurpurea* (Singh *et al.*, 1999a).

8 . *Nigrosporaspaerica*

Doença do míldio dos relvados causada por *Nigrosporasphaerica* (sacc.). O fungo causou sintomas típicos de míldio nas duas plantas de relva: bermuda (*cynodondactylon* (L) pers e bentgrass (*AgrosticpalustrisHuds.*) (GyungJa Choi *et al.*, 2000). A praga de Nigrospora causada por *Nigrosporasphaerica* foi observada na América do Norte durante os meses de meados do verão em azevém perene (Loliumperenne L.), festuca mastigadora (*Festucarubra* L.) e erva azul do Kentucky (*poapratensis* L.) e na primavera e início do verão em erva de Santo Agostinho (*StenotophrumsecundatumKuntze*) (Shurfleffet *al.*, 1987; Smiley *et al.*,1992).*Nigrosporasphaerica* causando manchas foliares em *Glycyrrhizaglabra*(Verma e Gupta, 2007).YelloSigatoka da bananeira na África do Sul causada por *Nigrosporaoryzae,N. sacchari, N. Spaerica.*

Efeito de extractos de plantas aromáticas e medicinais *in vitro* contra o crescimento de *Aspergillusniger, Aspergillusflavus, Chaetomiumglobosum, Cladosporiumcladosporides, Nigrosporasphaerica, Penicillium sp. e Sclerotiumrolfsii.* Os fungos isolados selecionados do solo foram testados quanto aos efeitos inibitórios dos extractos de plantas aromáticas e medicinais e os resultados revelaram que 16 extractos de plantas foram testados *in vitro* contra o crescimento de *Aspergillusniger, Aspergillusflavus, Chaetomiumglobosum, Cladosporiumcladosporides , Nigrosporasphaerica, Penicillium sp.* Dos 16 extractos de plantas, *Cymbopogoncitratus, Cymbopogoncaesius, Rhyncosiaboddomei, Azadirachtaindica* e *Andrographis paniculata* mostraram a maior inibição de crescimento dos fungos, enquanto a menor inibição de crescimento foi observada em *Azadirachtaindica.*

O presente estudo revelou que *os extractos de Cymbopogoncitratus, Cymbopogoncaesius, Rhyncosiaboddomei, Azadirachtaindica* e *Andrographispaniculatae* podem ser utilizados como o melhor controlo contra os fungos testados. São necessários mais estudos para isolar e caraterizar as moléculas antifúngicas nestes extractos para o controlo prático de doenças.

Por último, o maior interesse no futuro reside na aplicação de técnicas moleculares modernas e na sua integração com procedimentos experimentais convencionais para compreender e utilizar a interação entre o hospedeiro e o agente patogénico. As interações complexas que podem ocorrer entre o hospedeiro e o micróbio patogénico indígena devem ser consideradas durante o desenvolvimento de produtos microbianos comerciais.

Quadro 8: Efeito dos produtos/extractos de plantas aromáticas e medicinais nos fungos do solo

S.No.	Name of the plant	Usal part	A.n	A.f	C.g	C.c	pen	N.s .S.r
1.	*Cymbopogoncitratus*	Leaf oil	++	+	++	++		
2.	*Rhynchosiabeddomei*	Leaf	++	+	++			++
3.	*Balanitesaegyptica*	Bark						
4.	*Cassia occidentalis*	Leaf						
5.	*Cymbopogoncoloratus*	Leaf oil	++		+		++	
6.	*Hyptis suaveolens*	Leaf						
7.	*Indigoferabarberi*	Leaf						
8.	*Cassia tora*	Leaf						
9.	*Cassia senna*	Leaf						
1o.	*Andrographis paniculata*	leaf			++		++	
11.	*Azadirachtaindica*	bark					+	
12.	*Azadirachtaindica*	Leaf	+					
13.	*Strichnosnux-vomica*	Bark					+	
14.	*Eucalyptus citridora*	Bark						
15.	*Corollocarpusapigaeus*	Tuber						
16.	*Vitexnegundo*	leaf						+

A.n - *Aspergillusniger,* A.f -A. *flavus,*C.g -*Chaetomiumglobosum, C.c - Cladosporlumcladosporides, Pen - penicilliumsp, N.s -Nigrosporasphaerica,S.r Sclerotiumrolfsii.*

Uma vez que os produtos naturais estão a receber muita atenção como fontes de produção vegetal para controlar doenças microbianas, existe uma necessidade adicional de isolamento, caraterização e identificação *estrutural* de compostos antifúngicos activos de plantas para a formulação eficaz de um quimioterapêutico contra doenças fúngicas.

Tabela 9: CIM dos extractos de plantas aromáticas e medicinais em fungos do solo

S.N.	Nome da planta	Parte útil	A.n	A.f	C.g	C.c	caneta	N.s
1.	*Cymbopogoncitratus*	Óleo de folhas	96	92.5		71.4		
2.	*Rhyncosiabeddomei*	Folha		62.5	86.2			
3.	*Balanitesaegyptica*	Casca						
4.	*Cassia occidentalis*	Folha						
5.	*Cymbopogoncaesius*	Óleo de folhas	44		55	71.4	86	78.3

6.	*Hyptis suaveolens*	Folha						
7.	*Indigoferabarberi*	Folha						
8.	*Cassia tora*	Folha						
9.	*Cassia senna*	Folha						
1o.	*Andrographis paniculata*	folha			54		64.2	
11.	*Azadirachtaindica*	casca					40	
12.	*Azadirachtaindica*	Folha	35		45			
13.	*Strichnosnux-Vomica*	Casca					36	
14.	*Eucalipto citriodora*	Casca						
15.	*Corollocarpusapigaeus*	Tubérculo						
16.	*Vitexnegundo*	folha						

A.n - *Aspergillusniger,* A.f = *A.flavus*, C.g = *Chaetomiumglobosum,*

C.c = *Cladosporiumcladosporides*, Pen = *Penicillumsp*, N.s = *Nigrosporasphaerica*

PLACA- 1

Isolamento de fuungi de solo negro

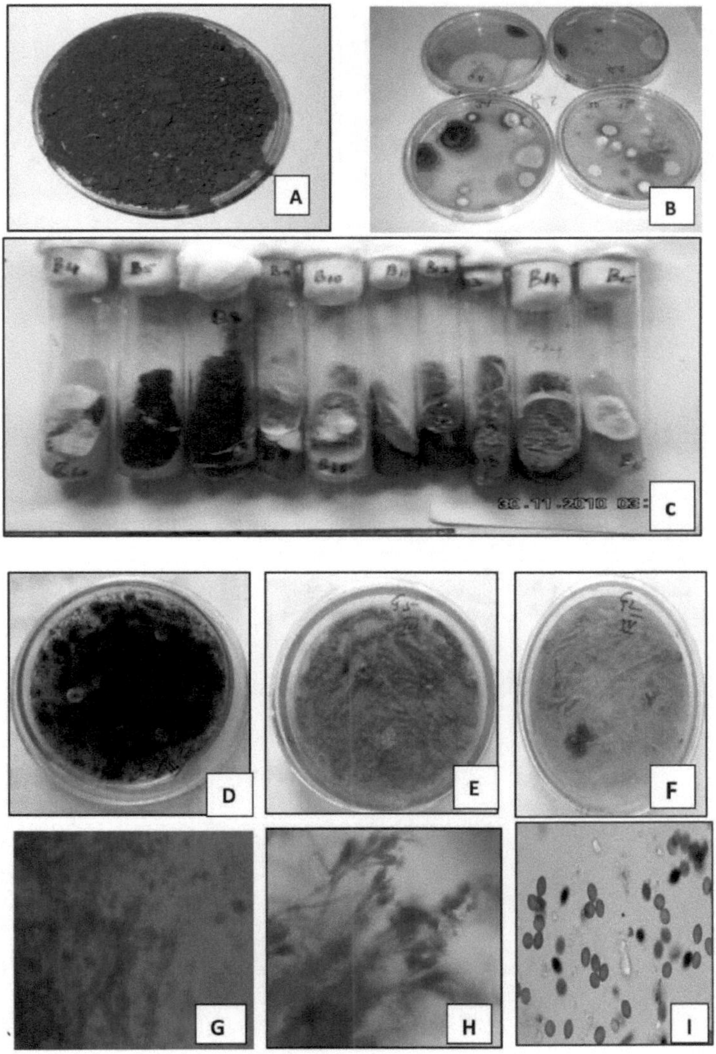

CHAPA - 2

Isolamento de fungos do solo vermelho

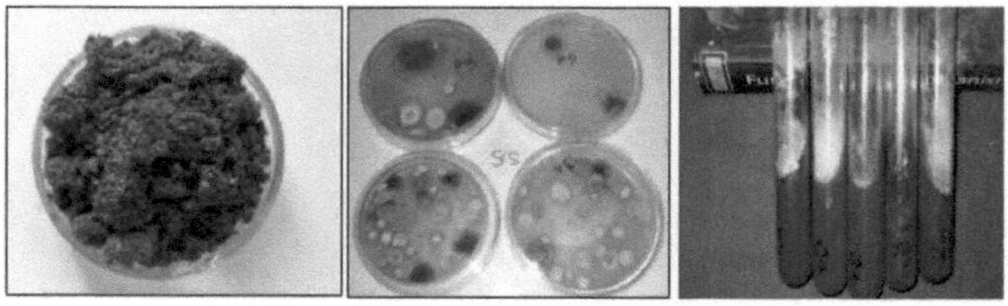

A B C

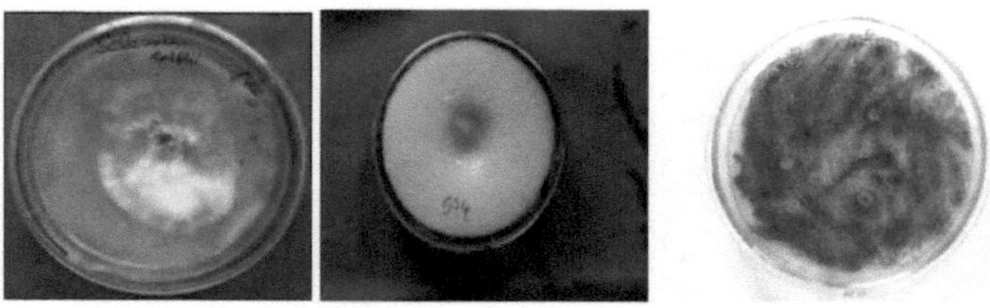

D E F

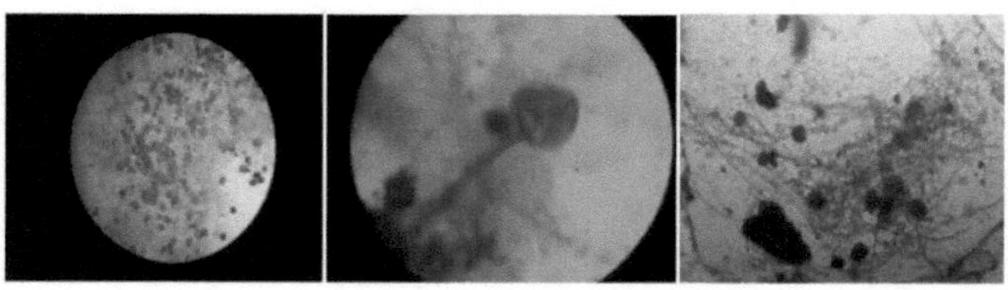

G H I

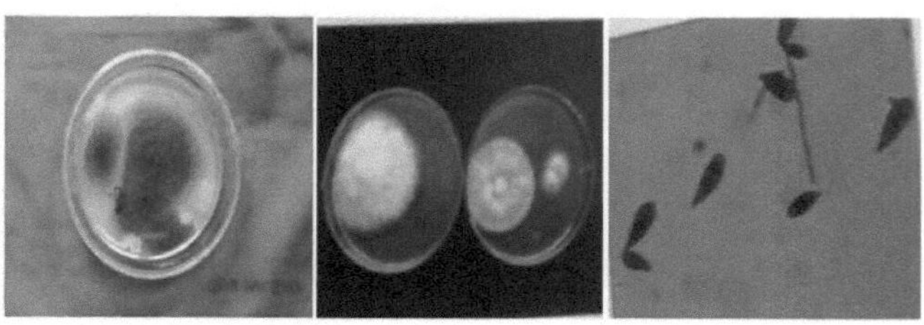

J K L

PLACA -3

Isolamento de fungos de campos de arroz

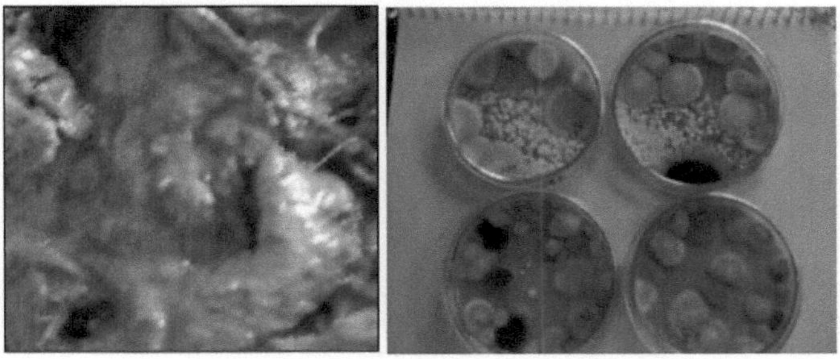

A B

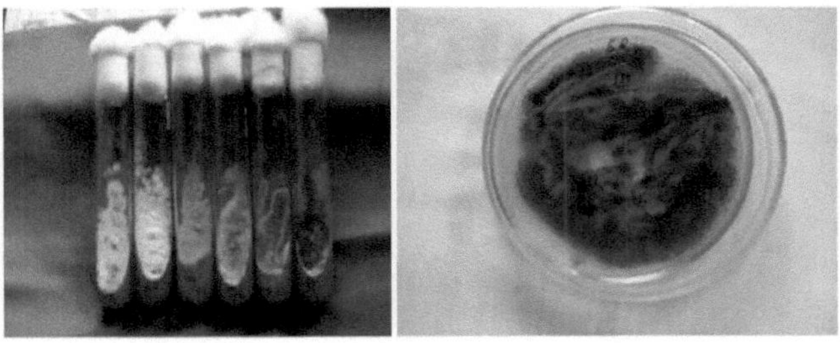

C D

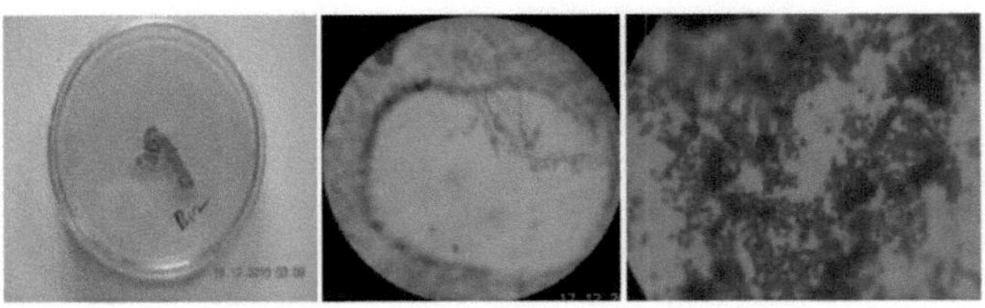

E F G

PLACA- 4

(a) Isolamento de fungos do solo virgem

 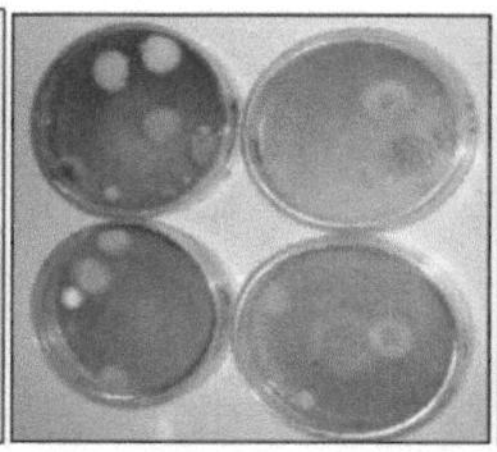 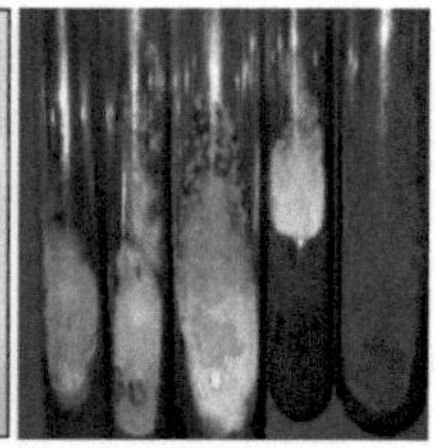

A B C

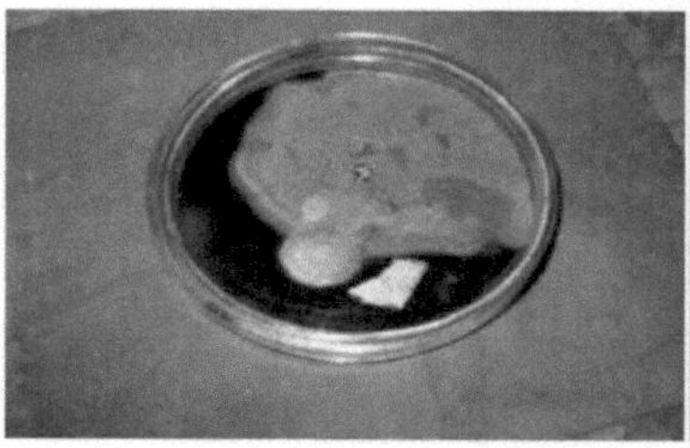 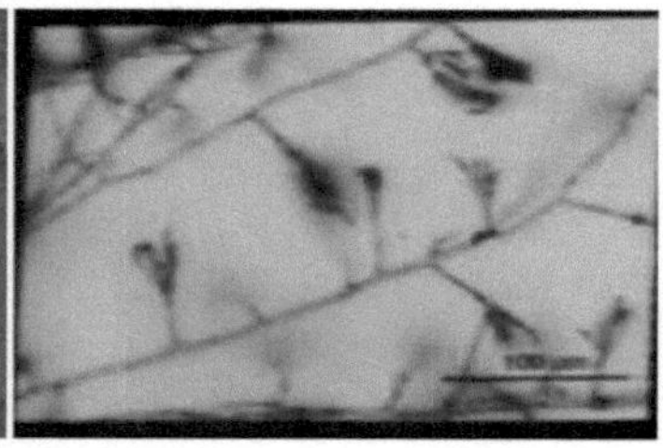

D E

(b) Isolation of fungi from dried up lake soil

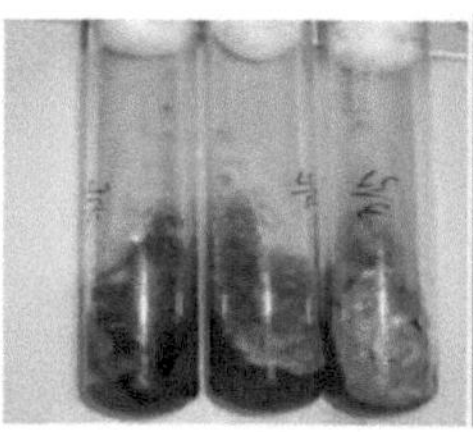 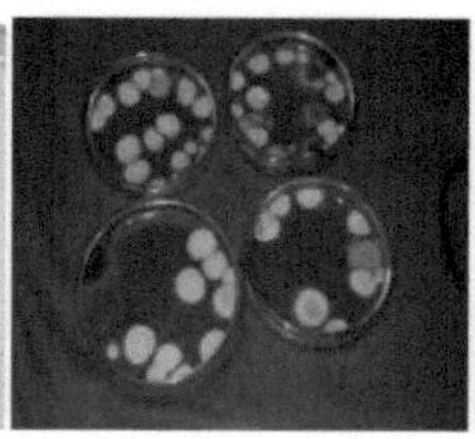 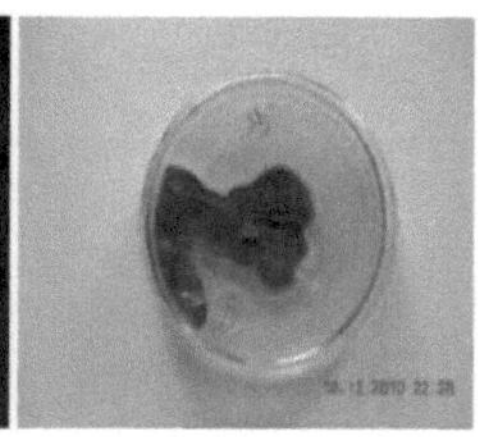

A B C

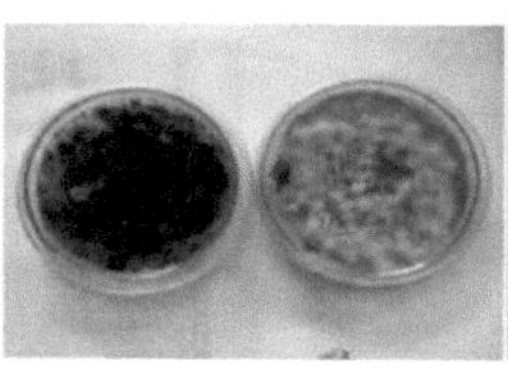 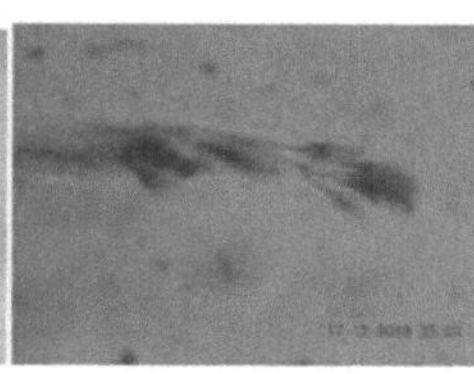

D

PLACA - 5

Rastreio de fungos amilolíticos

PLACA - 6

Rastreio de fungos celulolíticos

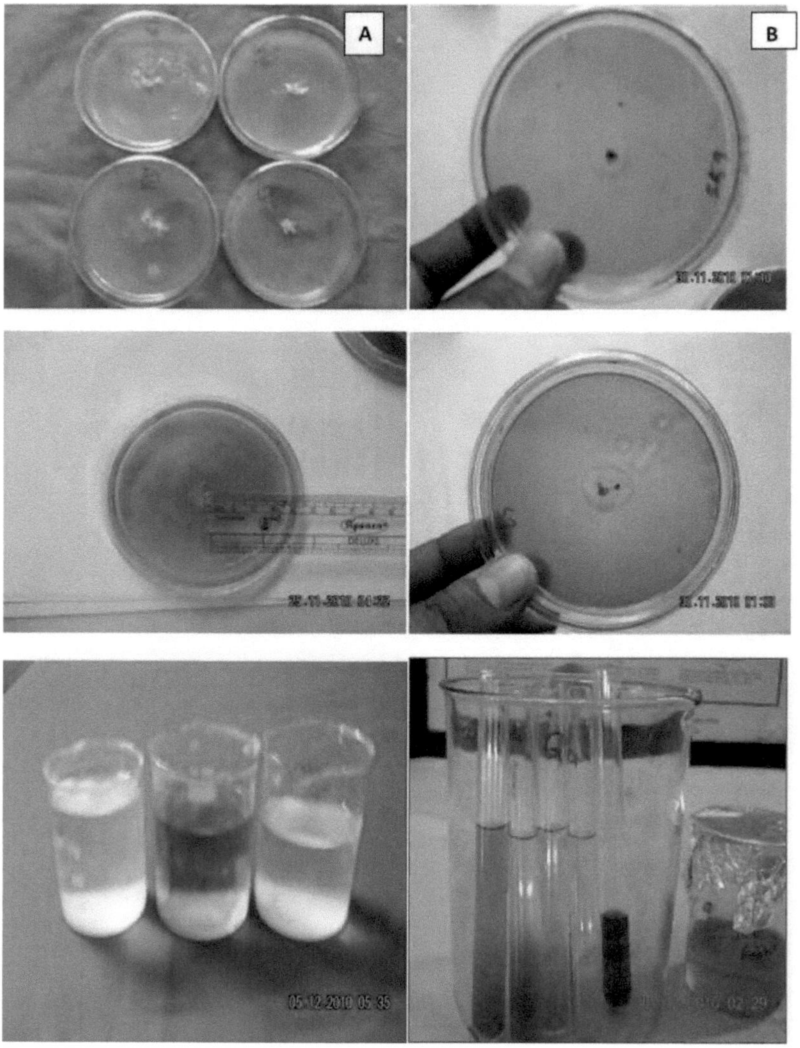

PLACA-7

(a) Rastreio de fungos pectinolíticos

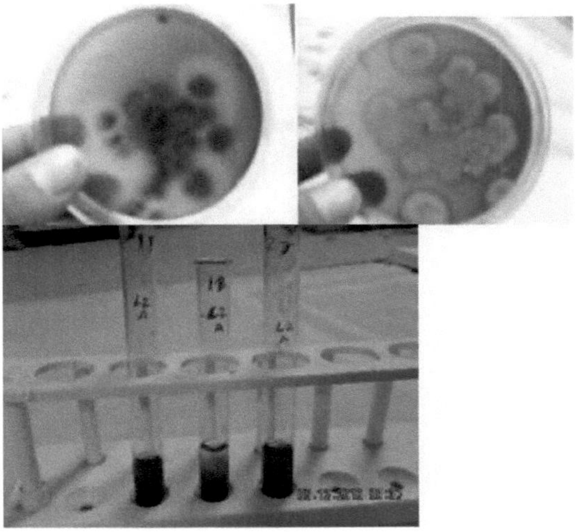

(**b)** Rastreio de fungos fosfolíticos

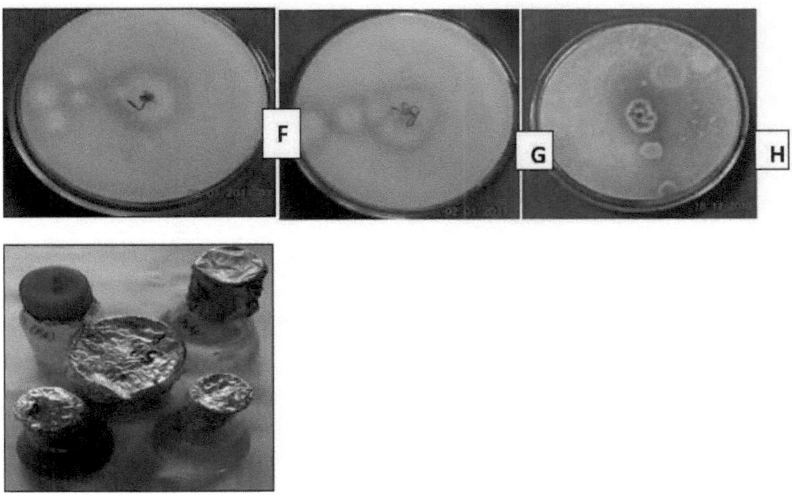

PLACA - 8

Eficácia de diferentes extractos de plantas *in vitro* contra o crescimento de fungos selecionados

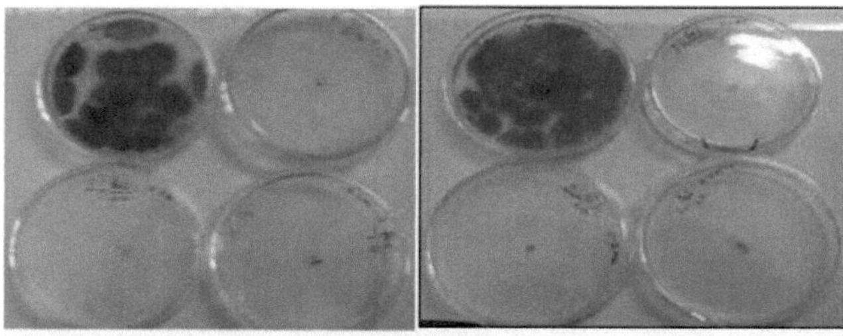

AB

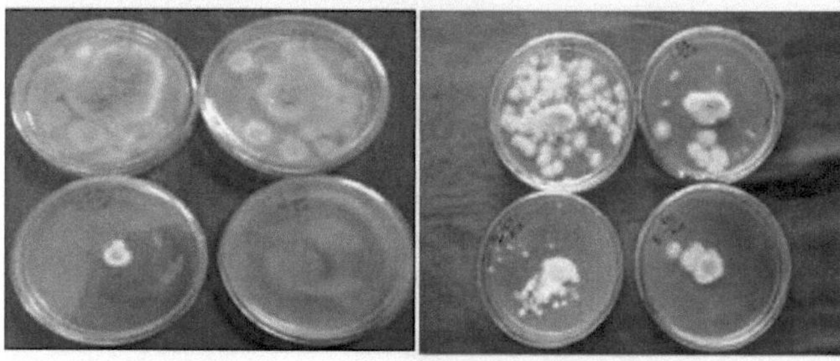

CD

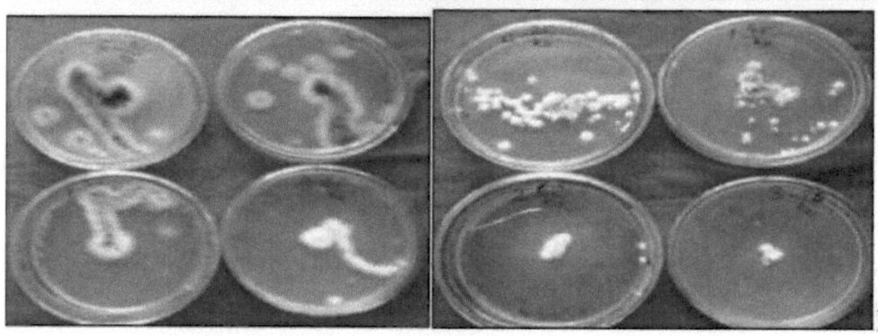

EF

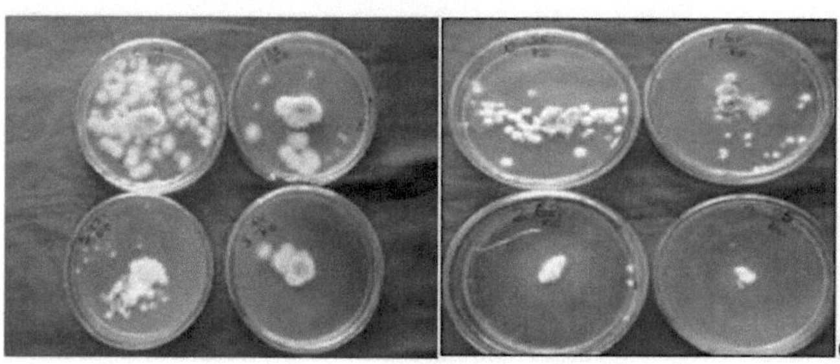

GH

PLACA - 9

Eficácia de diferentes extractos de plantas *in vitro* contra o crescimento de fungos selecionados

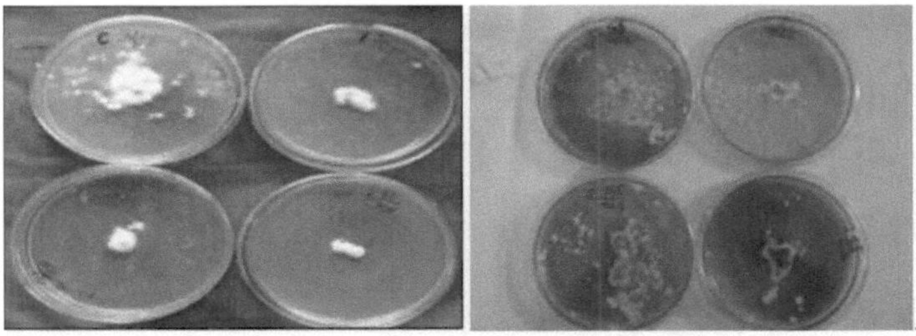
AB

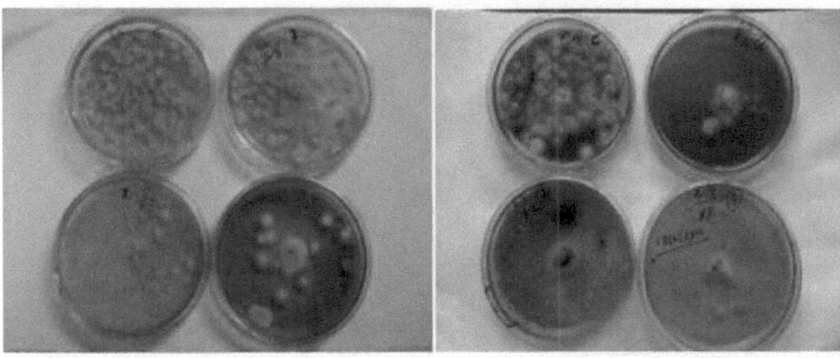
CD

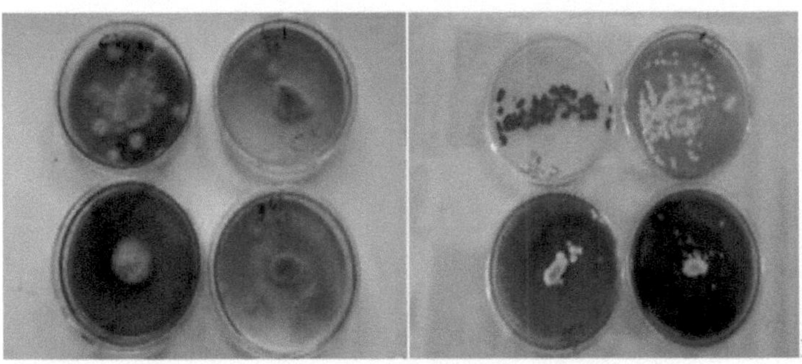
EF

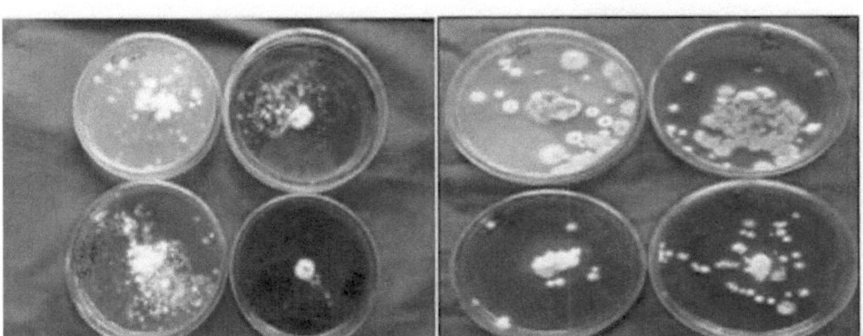
GH

PLACA- 10

Eficácia do extrato *de folhas de Vitex negundo in vitro* contra o crescimento de *Sclerotium rolfsii.*

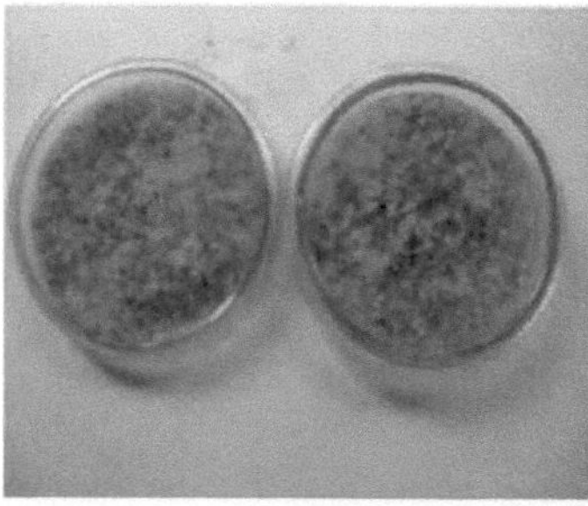

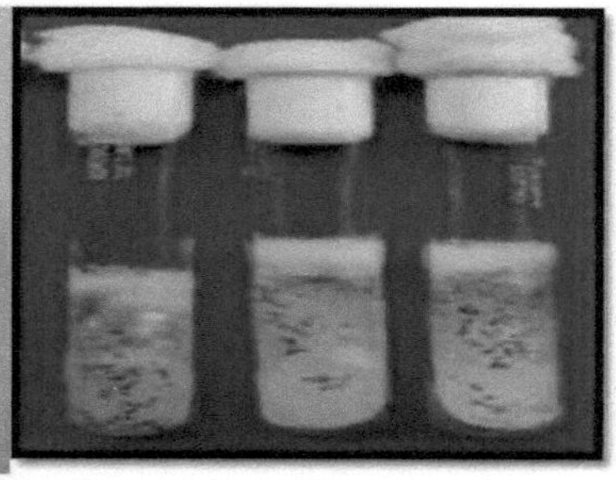

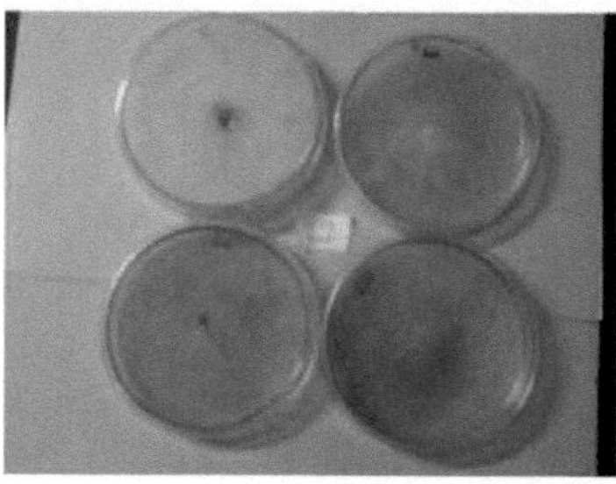

ABC

PLACA- 1

Isolamento de fungos do solo negro

A- Terra preta

B- Cultura de fungos

C- glândulas fúngicas puras

D- *Aspergillus niger*

E- *Penicillium* sp.

F- *Chaetomium globosum*

G- Conidióforo de *Aspergillus niger* com conídios

H - *Penicellium* conidióforo com conídios

I - conídios *de Chaetomium globosum*

CHAPA - 2

Isolamento de fungos do solo vermelho

A- Terra vermelha

B- cultura de fungos

C- glândulas fúngicas puras

D- Sclerotium rolfsii

E- Rhizopus sp.

F- Aspergillus niger

G- *Conidióforo de Aspergillus flavus* com conídios

H- *Rhizopus* conidiophore

1- Conidióforo de *Aspergillus niger* com conídios

J- *Cultura de Aspergillus terreus*

K -*Allternaria* sp.

L- *Conídios de Allternaria*

CHAPA - 3

Isolamento de fungos de solos de arrozais

A- Solo de arrozal

8- Cultura de fungos

C- Terras fúngicas

D- Cultura de *Aspergillus niger*

E- Cultura de *Penicillium*

F- Conidióforo de *Penicillium* com conídios

G- Conidiósporos *de Aspergillus niger*

PLACA -4

(a) Isolamento de fungos do solo virgem

A- Solo virgem

B- Cultura de fungos

C- Terras fúngicas puras

D- Cultura de *Aspergillus terreus*

E- Conidiósporo de *Penicillium* com conídios

(b) Isolamento de fungos de solos secos de lagos

F - Terras fúngicas

G- Cultura de fungos

Cultura de *H-Penicillium*

I-Culturas de Aspergillus *niger* e *Nigrospora sphaerica*

J-Penicillium conidióforo com conídios

PLACA -5

Rastreio de fungos amilolíticos

Cultura de A-Aspergillus *flavus*

B- Cultura mista de fungos amilolíticos

C- Zona clara de atividade amilolítica em torno da cultura de *Chaetomium globosum*

D-Zona clara de atividade amilolítica em torno da cultura de *Aspergillus niger*

E-Vários fungos amilolíticos com zona clara

F-Amilase fúngica

G- e H- Ensaio da amilase

PLACA -6

Rastreio de fungos celulolíticos

A -Atividade celulolítica

B - Zona clara de atividade celulolítica em torno da colónia de *Aspergillus niger*

C- Zona clara de atividade celulolítica em torno da colónia de *Chaetomium globosum*

D - Zona clara de atividade celulolítica em torno da colónia de *Aspergillus flavus*

Enzima E-Celulase

Ensaio da F-celulase

PLACA - 7

a) Análise da atividade pectinolítica.

A e B - Zona clara de atividade pectinolítica em torno da colónia de *Aspergillus niger*.

C - Zona clara de atividade pectinolítica em torno da colónia de *Aspergillus flavus*.

D - Zona clara de atividade pectinolítica em torno do *Chaetomium globosum*.

Colónia.

E - ensaio de pectinase.

b) b) Rastreio da atividade fospolítica.

F- Zona clara de atividade fosfolítica em torno da colónia de *Aspergillus niger*.

G - Zona clara de atividade fosfolítica em torno da colónia de *Aspergillus japonicus*.

H-Zona clara de atividade fosfolítica em torno da colónia de *Cladosporium cladosporides*.

Enzima I-Fosfatase.

PLACA -8

Eficácia de diferentes extractos de plantas *in vitro* contra o crescimento de fungos selecionados.

A- O óleo essencial de Cymbopogon *citratus* inibiu o crescimento de *Aspergillus niger*.

8- O óleo essencial de *Cymbopogon citratus* inibiu o crescimento de *Aspergillus flavus*.

C-O óleo *essencial* de *Cymbopogon citratus* inibiu o crescimento de *Cladosporium cladosporides*.

O óleo essencial D *de Cymbopogon caesius* inibiu o crescimento de *Aspergillus niger*.

E-O óleo *essencial de Cymbopogon caesius* inibiu o crescimento de *Chaetomium globosum* .

F-O óleo *essencial* de *Cymbopogon caesius* inibiu o crescimento de *Penicillium* .

PLACA - 09

Eficácia de diferentes extractos de plantas *in vitro* contra o crescimento de fungos selecionados.

A- O óleo essencial de *Cymbopogon caesius* inibiu o crescimento de *Nigrospora sphaerica B-Azadirachta indica* leaf extract inibiu o crescimento de *Penicillium.*

C- O extrato de *folhas de Azadirachta indica* inibiu o crescimento deChaetomium *globosum.*

D- O extrato de folhas de *Rhynchosia beddomei* inibiu o crescimento de *Chaetomium globosum.*

E- O extrato de folhas de *Rhynchosia beddomei* inibiu o crescimento de *Aspergillusflavus.*

F- *O extrato de folhas de Andrographis paniculata inibiu o crescimento de Penicillium.*

G- *O extrato de folhas de Andrographis paniculata inibiu o crescimento de*

Chaetomium globosum.

H- O extrato da casca de *Strychnos nux-vomica* inibiu o crescimento de Penicillium.

PLACA -10

Eficácia de diferentes extractos de plantas *in vitro* contra o crescimento de fungos selecionados.

A - Placa de cultura de *Sclerotium rolfsii.*

B - Cultura de reserva de *Sclerotium rolfsii.*

C - Extrato de folhas de *vitex negundo* contra *Sclerotium rolfsii.*

Capítulo - 4

DISCUSSÃO

A biodiversidade do solo é um termo utilizado para descrever a variedade de vida debaixo do solo. O conceito é convencionalmente utilizado no sentido genético e denota o número de espécies distintas (riqueza) e a sua abundância proporcional (equidade) presentes num sistema, mas pode ser alargado para abranger a diversidade fenotípica (expressa), funcional, estrutural ou trópica. A biomassa total abaixo do solo é geralmente igual ou superior à existente acima do solo, enquanto a biodiversidade no solo excede sempre em ordens de grandeza a existente na superfície associada, especialmente à escala microbiana. Um punhado de solo de pradaria suporta normalmente dezenas de milhares de procariotas geneticamente distintos (bactérias e Achaea) e centenas de espécies eucarióticas de muitos grupos taxonómicos. O biota do solo desempenha um papel fundamental na produção de bens e serviços ecossistémicos essenciais e é direta e indiretamente responsável pela execução de muitas funções importantes. A grande força do solo provém da vida que nele existe - a biodiversidade do solo - que vai desde géneros e espécies a comunidades. Uma única colher de chá de solo de jardim pode conter milhares de espécies, milhões de indivíduos e uma centena de metros de redes de fungos. Os cientistas estimam que, pelo menos, cerca de um quarto das espécies do planeta Terra vive nos solos.

Este ecossistema diversificado desempenha uma variedade de funções. Processa a matéria orgânica residual para sustentar a vida acima do solo, desde as plantas aos animais e aos seres humanos; regula o fluxo de carbono e o ciclo da água; mantém as pragas afastadas e descontamina os terrenos poluídos; e fornece matérias-primas para novos produtos farmacêuticos destinados a combater doenças infecciosas. Esta é a fábrica da vida. Os seus trabalhadores são os microrganismos, os pequenos e grandes invertebrados, os pequenos mamíferos e até as raízes das plantas - o seu local de trabalho são as camadas escuras ou escurecidas da camada superficial do solo sob os prados, os campos, as florestas e os espaços verdes das cidades. Um solo rico em biodiversidade é essencial para obter os melhores resultados da bioremediação. Enquanto os microrganismos actuam sobre os poluentes químicos, outros organismos que controlam a estrutura e a porosidade do solo ajudam-no a absorver, dispersar e degradar os contaminantes. A descontaminação natural do solo tem os seus limites. O processo pode levar anos, ou mesmo décadas, uma vez que alguns poluentes persistentes não podem ser decompostos e, por vezes, a carga de contaminação é simplesmente demasiado grande para o solo. Além disso, os metais pesados, como o cádmio, o chumbo e o mercúrio, não podem ser degradados, tendo-se verificado que se acumulam na cadeia alimentar ou contaminam as águas subterrâneas. O solo pode oferecer os seus serviços como desintoxicante natural, mas não podemos esperar que faça milagres.

O principal papel do biota do solo é reciclar a matéria orgânica derivada da "teia alimentar vegetal acima do solo". O solo está em estreita cooperação com a biosfera em geral - a manutenção de um solo fértil é um dos serviços ecológicos mais vitais. O conteúdo mineral e orgânico do solo tem de ser constantemente reabastecido, uma vez que as plantas consomem os elementos do solo e os transmitem ao longo da cadeia alimentar. A correlação entre o solo e a biodiversidade pode ser observada a nível espacial: por exemplo, os limites da vegetação natural e agrícola correspondem estreitamente aos limites do solo, mesmo à escala continental e global. A biodiversidade e o solo estão fortemente ligados; o solo é o meio para uma grande variedade de organismos e interage estreitamente com a biosfera em geral. Por outro lado, a atividade biológica é um fator primordial na formação física e química dos solos (Bardgett, 2005). O solo constitui um habitat vital, principalmente para micróbios, incluindo bactérias e fungos; também para a microfauna, como protozoários e nemátodos, microartrópodes, enchtraeídeos e macrofauna, como minhocas, térmitas e centopeias (Bardgett, 2005). A biodiversidade é "a variedade de vida: as diferentes plantas, animais e microrganismos, os seus genes e os ecossistemas de que fazem parte" (Department of the Environment and Water Resources, 2007).

Os sistemas biológicos, tanto naturais como artificiais, dependem em grande medida de solos saudáveis. É a manutenção da saúde e da fertilidade do solo em todas as suas dimensões que sustenta a vida. A interconexão abrange vastas escalas espaciais e temporais; os principais problemas de degradação, como a salinidade e a erosão do solo, por exemplo, podem ter efeitos locais a regionais e pode levar décadas até que as consequências das acções de gestão que afectam o solo se façam sentir em termos de impacto na biodiversidade. A manutenção da saúde do solo é uma questão regional ou à escala da bacia hidrográfica, porque os solos são um bem disperso. A única forma eficaz de garantir a saúde do solo em geral é incentivar uma abordagem ampla, coerente e economicamente atraente. Exemplos dessas abordagens, aplicadas a um contexto agrícola, incluem a aplicação de cal (carbonato de cálcio) para reduzir a acidez e aumentar a saúde e a produção do solo, bem como a transição de práticas agrícolas convencionais que recorrem ao cultivo para sistemas de plantio direto ou limitado, o que teve um impacto positivo na melhoria da estrutura do solo.

O paradigma de que "tudo está em todo o lado, mas o ambiente seleciona" para explicar a distribuição microbiana tem sido apoiado por uma série de estudos que indicam que a dispersão microbiana pode ser global e que a composição da comunidade microbiana é fortemente influenciada pelas condições ambientais específicas do local contemporâneo. No entanto, uma revisão recente argumenta que factores históricos como a limitação da dispersão no passado (*ou seja,* numa fase evolutiva mais primitiva) e alterações nas condições ambientais ao longo do tempo podem resultar num provincialismo biogeográfico significativo (*ou seja,* endemismo nas comunidades microbianas) e que a probabilidade de tais contingências aumenta com a distância espacial entre as comunidades. Se a limitação da dispersão for o principal fator determinante dos padrões biogeográficos, então a distância geográfica deverá ser o melhor indicador da divergência genética entre comunidades e os habitats mais próximos terão maior probabilidade de partilhar taxa microbianos semelhantes. A heterogeneidade ambiental e a limitação da dispersão são claramente os dois factores determinantes dos padrões biogeográficos exibidos por animais e plantas. A limitação da dispersão é frequentemente considerada menos importante para os microrganismos, resultando em padrões biogeográficos que reflectem principalmente a seleção pelas condições ambientais contemporâneas (Baas Backing, 1934; de Wit e Bouvier, 2006). Martiny e colegas (2006) propuseram que a limitação da dispersão e a variação das condições ambientais passadas podem também contribuir para os padrões de variabilidade espacial das comunidades microbianas, podendo apenas tornar-se aparentes em estudos da estrutura espacial à escala continental ou global e não a escalas mais pequenas.

As actividades microbianas qualitativas e quantitativas são os factores-chave para a produtividade e sustentabilidade da saúde dos solos para a manutenção da produção agrícola (Nannipieriet *al*., 2003; Tilaket *al*., 2005). O arroz é o alimento básico de cerca de 85% da população asiática e 40% da população mundial e o crescimento da população exige mais alimentos, enquanto as ecologias selvagens como florestas, parques nacionais, jardins botânicos, etc. desempenham um papel vital na manutenção do ambiente global. A análise da diversidade microbiana estrutural e funcional revelaria, portanto, a sustentabilidade dos ecossistemas cultivados e selvagens. Embora a diversidade microbiana dos solos de arroz tenha sido predominantemente investigada (Das e Dangar, 2007a,b), os habitats selvagens indianos, como florestas, jardins botânicos, etc., permaneceram inalterados até à data. As pragas de insectos e os agentes patogénicos constituem uma séria ameaça para a agricultura e a silvicultura, que são convencionalmente controlados por pesticidas, resultando em graves riscos para a saúde e desequilíbrios ambientais e justificando o aumento da aplicação de biopesticidas. Vários micróbios do solo são entomopatogénios potentes, que suprimem naturalmente os insectos nocivos e os vectores de doenças. Evidentemente, Theuniset *al*., (1998) registaram a infeção de mais de 50% de diferentes artrópodes de ecologias de arroz por *Bacillus thuringiensis (Bt).*

No presente trabalho, foram obtidos 44 tipos de fungos de diferentes tipos de solo do distrito de Chittoor, Andhra Pradesh. Das 44 estirpes, foram isoladas 12 estirpes de solo vermelho, 16 estirpes de fungos de solo negro, 06 estirpes de fungos de arrozais, 6 estirpes de fungos de solo virgem e 4 estirpes de fungos de solos secos de lagos.

Por conseguinte, o conhecimento da diversidade microbiana e da funcionalidade dos solos, bem como dos entamopatogéneos, é essencial para compreender as condições de saúde do solo e selecionar micróbios ou agentes patogénicos potentes para aumentar o estado nutricional do solo ou desenvolver agentes de controlo biológico de largo espetro.*O Bacillus thuringiensis* é o agente patogénico mais potente e versátil, capaz de infetar uma vasta gama de organismos, nomeadamente protozoários, nemátodos, vermes chatos, ácaros e insectos, que são pragas, agentes patogénicos ou vectores botânicos, animais ou humanos, o que resultou na comercialização de cerca de 100 formulações comerciais *de Bt* (Flexner e Belnavis, 2000). No entanto, a seleção e exploração de *Bt* potentes e autóctones seria o mais desejável para preservar o ecossistema nativo. Na Índia, a diversidade, a distribuição, a potência, etc. dos micróbios dos ciclos biogeoquímicos dos arrozais inundados e irrigados foram objeto de estudos significativos, mas *a Bt* não recebeu um impulso suficiente (Dasand Dangar, 2007a). Além disso, a microbiologia dos solos dos desertos arenosos e dos jardins botânicos foi ignorada. As informações limitadas sobre as funcionalidades microbianas dos solos agrícolas desérticos e arenosos, das ecologias selvagens (parques botânicos) e dos biopesticidas deram origem a este estudo. Dinâmica microbiana de diferentes ciclos biogeoquímicos e diversidade de *Bacillusthuringiensis (Bt)* no solo húmido e húmido do Jardim Botânico (Sims, Koonoor, Tamil Nadu) e em diferentes ecologias de arroz, *nomeadamente* solo seco e vermelho de laterite (estação de investigação CRRI, Hazaribagh, Jharkhand), solo vermelho e arenoso (Pratapbagan, Bengala Ocidental), solo argiloso inundado (estação de investigação CRRI, Gerua, Assam) e solo arenoso de sorgo do deserto (Jodhpur, Rajasthan) foram avaliados para compreender as suas funcionalidades microbianas.

A atividade humana acelerou grandemente o ritmo a que as espécies desapareceram da Terra (Mayet *al*., 1995), e é provável que a atual taxa de perda de espécies aumente numa ordem de grandeza durante o próximo século. Embora a perda de espécies de plantas altere diretamente a comunidade remanescente, diminuindo a sua diversidade, existe um debate considerável sobre se a redução da diversidade de plantas afectará o funcionamento dos ecossistemas terrestres (Loreauet *al*., 2001). Algumas evidências experimentais sugerem que uma maior riqueza de espécies vegetais ou de grupos funcionais pode promover taxas mais elevadas de produtividade primária líquida (Tilmanet *al*., 2001), mas os mecanismos subjacentes a esta resposta não são bem compreendidos nem estão totalmente resolvidos. Por exemplo, esta relação positiva tem sido atribuída à complementaridade e facilitação de nichos por alguns (*Tilman* et al., 1996, Hooper e Vitousek, 1998; Caldeira et *al*., 2001), enquanto outros argumentam que resulta da maior probabilidade de um competidor superior ocorrer numa comunidade vegetal experimental rica em espécies (*i.e.,* "efeito de amostragem", sensu Huston 1997). Embora análises mais recentes indiquem que a complementaridade de nichos pode aumentar a produtividade primária em comunidades de plantas ricas em espécies (Tilmanet *al.,* 2001), é incerto se as mudanças na diversidade de plantas influenciam diretamente os níveis tróficos superiores que regulam o fluxo de energia e nutrientes nos ecossistemas terrestres.As comunidades microbianas heterotróficas que habitam o solo medeiam processos-chave que controlam o ciclo do carbono (C) e do azoto (N) no ecossistema e representam potencialmente uma ligação mecanicista entre a diversidade de plantas e a função do ecossistema. No entanto, poucos estudos investigaram experimentalmente a influência da diversidade vegetal nos microrganismos do solo (Bargett e Shine 1999, Stephan *et al*., 2000), mas há razões para esperar que a diversidade vegetal possa afetar as comunidades microbianas e os processos ecossistémicos que estas medeiam.

A disponibilidade de recursos que limitam o crescimento molda a composição das comunidades bióticas (Tilman, 1987), e a disponibilidade de recursos para as comunidades microbianas do solo é limitada por compostos orgânicos em folhas e raízes mortas (*i.e.,* detritos) que podem ser usados para gerar energia celular (Smith e Paul 1990). Como as espécies de plantas diferem em sua composição bioquímica, mudanças na diversidade de plantas podem alterar a produção, bem como a gama, de compostos orgânicos em detritos que limitam e, portanto, controlam a composição e a função das comunidades microbianas heterotróficas. Também levantamos a hipótese de que mudanças na composição e função da comunidade microbiana, em resposta à alteração da disponibilidade de recursos, influenciarão diretamente as taxas de ciclagem de C e N no solo. Nossa lógica difere da de uma análise teórica recente, que previu que a diversidade de substratos orgânicos em detritos não teria efeito, ou teria um efeito negativo, nos processos microbianos que controlam a dinâmica em nível de ecossistema.

Embora os microrganismos sejam talvez o tipo de organismo mais diversificado e abundante na Terra, a distribuição da diversidade microbiana à escala continental é mal compreendida. Os ecologistas que descrevem a biogeografia microbiana invocam tipicamente a frase de Beijerinck de há um século atrás. Tudo está em todo o lado, o ambiente seleciona. No entanto, poucos estudos tentaram verificar esta afirmação ou especificar quais os factores ambientais que exercem maior influência sobre as comunidades microbianas na natureza. Com o advento dos métodos de análise do ADN ribossómico, que permitem a caraterização das comunidades bacterianas sem cultura, é agora possível examinar toda a extensão da diversidade microbiana e descrever os padrões biogeográficos exibidos pelos microrganismos a grandes escalas espaciais. A compreensão científica da biogeografia microbiana é particularmente fraca para as bactérias do solo, embora se pense que a diversidade e a composição das comunidades bacterianas do solo têm uma influência direta numa vasta gama de processos do ecossistema. Grande parte do trabalho recente em ecologia microbiana do solo centrou-se na catalogação da diversidade das bactérias do solo e na documentação da forma como as comunidades bacterianas do solo são afectadas por alterações ou perturbações ambientais específicas. Como resultado, sabemos que a diversidade bacteriana do solo é imensa e que a composição e a diversidade das comunidades bacterianas do solo podem ser influenciadas por uma vasta gama de factores bióticos e abióticos. No entanto, quase todo este trabalho tem sido específico de um local, o que limita a nossa compreensão dos factores que estruturam as comunidades bacterianas do solo em todos os biomas e regiões.

As bactérias e os fungos do solo desempenham um papel fundamental em vários ciclos biogeoquímicos (BGC) e são responsáveis pela ciclagem de compostos orgânicos. Os microrganismos do solo também influenciam os ecossistemas acima do solo, contribuindo para a nutrição das plantas, a saúde das plantas, a estrutura do solo e a fertilidade do solo. O nosso conhecimento da diversidade microbiana do solo é limitado, em parte, pela nossa incapacidade de estudar os microrganismos do solo, tendo-se estimado que foram descritas cerca de 5000 espécies de bactérias. Cerca de 1% da população bacteriana do solo pode ser cultivada através de práticas laboratoriais normais. Não se sabe se este 1% é representativo da população bacteriana. Estima-se que existam cerca de 1.500.000 espécies de fungos no mundo. Mas, ao contrário das bactérias, muitos fungos não podem ser cultivados pelos métodos laboratoriais padrão actuais. Embora os métodos moleculares tenham sido utilizados para estudar as comunidades bacterianas do solo, muito pouca investigação foi efectuada para os fungos do solo.

Todos os organismos da biosfera dependem da atividade microbiana. Os microrganismos do solo são vitais para a continuação do ciclo de nutrientes e para o funcionamento dos ecossistemas acima do solo. Embora muitas actividades antropogénicas, como o desenvolvimento da sociedade, a agricultura, a utilização de pesticidas e a poluição, possam potencialmente afetar a diversidade microbiana do solo, desconhece-se de que forma as alterações na diversidade microbiana podem influenciar os ecossistemas subterrâneos e aéreos. Antes de podermos abordar a forma como as alterações na estrutura da comunidade microbiana influenciam as funções do ecossistema, são necessários mecanismos fiáveis e precisos para estudar os microrganismos do solo. Este artigo fará uma revisão dos métodos actuais, bem como das suas vantagens e desvantagens, para o estudo da diversidade microbiana no solo.

Entre os 44 fungos obtidos de diferentes tipos de solo do distrito de Chittoor no presente estudo, indicou-se que a maioria das estirpes foi isolada das amostras. Das 44 estirpes, 06 estirpes de fungos são produtoras de amilase, 08 estirpes são produtoras de celulase, 04 estirpes são produtoras de pectionase e 06 estirpes são produtoras de fosfatase.

Amilases

Entre as vinte e uma estirpes analisadas quanto à atividade amilolítica, três foram identificadas como boas produtoras de amilase, com base no tamanho da auréola à volta das colónias em placas contendo meios suplementados com um por cento de amido como única fonte de carbono, *por exemplo*: *Aspergillusniger, A. japanicus, A. terreus, A. flavus, Cladosporiumcladosporioides* eChaetomiumglobosum.

As amilases são enzimas que degradam o amido. Encontram-se amplamente distribuídas nos reinos microbiano, vegetal e animal. Degradam o amido e polímeros relacionados para produzir produtos caraterísticos de enzimas amilolíticas individuais. Inicialmente, o termo amilase foi utilizado para designar as enzimas capazes de hidrolisar as ligações a-1,4-glicosídicas da amilose, da amilopectina, do glicogénio e dos seus produtos de degradação (Fisher e Stein, 1960). Actuam hidrolisando as ligações entre as unidades de glicose adjacentes, dando origem a produtos caraterísticos da enzima em causa. Nos últimos anos, foi detectada e estudada uma série de novas enzimas associadas à degradação do amido e de estruturas polissacáridas relacionadas (Buonocoreet *al*., 1976).

Aplicações

A história da produção industrial de enzimas remonta ao momento em que o Dr. Jhokichi Takamine iniciou a produção de uma preparação de enzimas digestivas através da cultura de farelo de trigo de *Aspergillusoryzae* em 1894. A produção industrial de dextrose em pó e cristais de dextrose a partir do amido, utilizando α-amilase e glucoamilase, teve início em 1959. Desde então, as amilases estão a ser utilizadas para vários fins. A conversão do amido em açúcar, xaropes e dextrinas constitui a maior parte da indústria de transformação do amido (Marshall, 1975). Os hidrolisados são utilizados como fontes de carbono na fermentação, bem como fontes de doçura numa gama de produtos alimentares manufacturados e bebidas. A hidrólise do amido para produzir glucose, maltose, etc. é efectuada por degradação controlada.

Várias enzimas podem provocar a decomposição do amido em açúcares mais pequenos, especialmente a maltose, por hidrólise. Existem dois tipos de amilases, as α-amilases e as β-amilases. Nos seres humanos, a α-amilase conhecida como ptialina está presente na saliva e é também produzida pelo pâncreas para secreção no intestino delgado. As β-amilases encontram-se em bactérias, bolores, leveduras e nas sementes das plantas. Os microrganismos, as plantas superiores e os animais produzem um grande número de diferentes proteínas inibidoras das α-amilases para regular a atividade destas enzimas. Estes inibidores podem ser agrupados em seis classes com base nas suas estruturas terciárias: inibidores do tipo lectina, do tipo knottina, do tipo cereal, do tipo Kunitz-Iike, do tipo γ-purotionina e do tipo taumatina. Alguns destes inibidores actuam bloqueando diretamente o centro ativo da enzima em vários locais.

Nos animais, os inibidores da α-amilase reduzem os picos de glicose que podem ocorrer após uma refeição, abrandando a velocidade com que a α-amilase pode converter o amido em açúcares simples até que o organismo os possa tratar. Isto é particularmente importante em pessoas com diabetes, onde os baixos níveis de insulina impedem que a glucose extracelular seja eliminada rapidamente do sangue. Por conseguinte, os diabéticos tendem a ter níveis baixos de α-amilase para manter os níveis de glicose sob controlo, exceto depois de tomarem insulina, que provoca um aumento da α-amilase pancreática.

As plantas também utilizam inibidores de α-amilase como estratégia de defesa. Estes inibidores impedem a ação digestiva das α-amilases e proteinases no intestino dos insectos, actuando assim como anti-alimentares dos insectos. Como resultado, os inibidores da α-amilase têm potencial em vários domínios, incluindo a proteção das culturas e o tratamento da diabetes.

Foi demonstrado que alguns fungos filamentosos são capazes de segregar grandes quantidades de proteínas no meio de crescimento. Por conseguinte, os fungos estão a atrair uma atenção crescente como fontes de enzimas amilolíticas adequadas para a conversão industrial de amido em maltose ou glucose. Foi relatado que um fungo termofílico, *Thermomyceslanuginosus* (syn. *Humicolalanuginosa*), produzia glucoamilase (α-1,4-glucano glucohidrolase; EC 3.2.1.3) que era capaz de converter quantitativamente amido solúvel em glucose (Taylor *et al.,* 1978; Raoet *al.,* 1981). A enzima era uma glicoproteína com uma massa molecular de ~ 57 kDa. Estava ativa a 70°C e era completamente estável a 50°C. Jensen *et al.*, (1988) relataram uma glucoamilase noutra estirpe de *T. lanuginosus* que tinha uma massa molecular de 70-77 kDa. Esta estirpe também produziu uma α-amilase termoestável (α-1,4 glucanglucanohidrolase; EC 3.2.1.1) de massa molecular de 54-57 kDa que necessitava de Ca^{2+} para a atividade (Jensen e Olsen 1992).

As amilases estão entre as enzimas mais importantes e têm grande significado na biotecnologia, sendo comercialmente importantes em várias indústrias de transformação de amido. Embora as amilases sejam derivadas de diferentes fontes, tais como plantas, animais e microrganismos, as enzimas de fontes microbianas satisfazem geralmente as exigências industriais. As amilases microbianas poderiam ser potencialmente úteis nas indústrias farmacêutica e de química fina se fosse possível preparar enzimas com propriedades adequadas. Com o advento de novas fronteiras na biotecnologia, o espetro de aplicação das amilases alargou-se a muitos outros domínios, como a química clínica, medicinal e analítica, as indústrias têxtil, alimentar, cervejeira e de destilação, bem como a sacarificação do amido. Muitos organismos são capazes de produzir amilase, dos quais os fungos são bem conhecidos devido à sua capacidade de excretar enzimas para o ambiente. Embora existam vários relatórios sobre o controlo da produção de amilase extracelular por fungos, espera-se que a otimização das condições de cultivo melhore a produção da enzima. Neste estudo, investigou-se o efeito de diferentes condições de cultivo no crescimento e na produção de amilase pelo organismo isolado, utilizando o algoritmo de análise simplex de tamanho variável. Nos últimos anos, o potencial de utilização de microrganismos como fontes biotecnológicas de enzimas industrialmente relevantes estimulou o interesse na exploração da atividade enzimática extracelular em vários microrganismos (Abu *et al.*, 2005). As amilases são enzimas importantes utilizadas nas indústrias de transformação de amido para a hidrólise de polissacáridos, como o amido, em constituintes simples de açúcar (Akpanet *al.*, 1999). Embora as amilases possam ser obtidas a partir de várias fontes, tais como plantas e animais, as enzimas de fontes microbianas satisfazem geralmente a procura industrial (Pandeyet *al.*, 2000). As amilases microbianas substituíram com êxito a hidrólise química do amido nas indústrias de transformação do amido. Para além da sua utilização na sacarificação do amido, também encontram aplicação potencial em vários processos industriais, tais como nas indústrias alimentar, de panificação, cervejeira, de detergentes, têxtil e do papel. Com o advento de novas fronteiras na biotecnologia, o espetro de aplicação da amilase expandiu-se para muitos outros domínios, como a química clínica, médica e analítica (Pandeyet *al.*, 2000).

Durante a última década, foi dada uma atenção crescente à utilização de vários resíduos agro-industriais para acrescentar valor utilizando a fermentação em estado sólido (SSF) por fungos filamentosos (Pandeyet *al.*, 2001). Foi relatado que a SSF é o processo mais apropriado nos países em desenvolvimento devido às vantagens que oferece. O modo de crescimento hifal e a boa tolerância a condições de baixa atividade da água (aw) e de elevada pressão osmótica tornam os fungos mais eficientes para a bioconversão de substratos sólidos (Raimbault, 1998). O objetivo deste estudo foi a seleção de uma estirpe adequada para a produção de glucoamilase, a seleção de diferentes subprodutos agrícolas como substratos para a produção máxima de enzimas, a aplicação de diferentes combinações destes substratos para a produção de enzimas e a otimização das condições culturais para a produção de glucoamilase.

Verificou-se que a amilase de origem fúngica é mais estável do que as enzimas bacterianas a uma escala comercial. Foram feitas muitas tentativas para otimizar as condições de cultura e as estirpes adequadas de fungos (Abu *et al.,* 2005). Poucas tentativas foram feitas para elucidar os mecanismos de controlo envolvidos na formação e secreção de enzimas extracelulares. Os bolores são capazes de produzir grandes quantidades de amilase; *o Aspergillusniger* é utilizado para a produção comercial de α-amilase. Os estudos sobre amilases fúngicas, especialmente nos países em desenvolvimento, concentraram-se principalmente em *Aspergillusniger,* provavelmente devido à sua natureza ubíqua e aos requisitos nutricionais não fastidiosos destes organismos (Abu *et al*., 2005). É possível recorrer à utilização de amilases em condições extremas de pH e temperatura utilizando amilases termo-acidofílicas e alcalinas. Uma vez que a preparação mais eficaz de algumas aplicações contém outras enzimas, especialmente amiloglucosidases e métodos submersos dão um espetro estreito de enzimas adicionais e vale a pena isolar estirpes adequadas de *Aspergillusnigerpara* um mecanismo eficiente. A produção de α-amilase por bolores tem sido grandemente afetada por requisitos culturais e nutricionais.

Celulases

Entre as 44 estirpes analisadas quanto à atividade celulolítica, sete foram identificadas como produtoras de celulose, nomeadamente *Aspergillusniger, A. flavus, Nigrosporasphaerica, Chaetomiumglobosum e*

Cladosporiumcladosporioides.

Os fungos filamentosos são a fonte preferida de enzimas industriais devido à sua excelente capacidade de produção de proteínas extracelulares. No que diz respeito à produção industrial de enzimas celulolíticas, sabe-se que o fungo de podridão mole *Trichodermareesei* (syn. *Hypocreajecorina*) segrega grandes quantidades de celulases e pode também utilizar uma vasta gama de fontes de carbono, incluindo açúcares pentose. É possível que a produção comercial em grande escala de enzimas celulolíticas possa beneficiar da utilização de hidrolisados usados ou de resíduos semelhantes como fonte de nutrientes para *T. reesei*. Estudos anteriores indicaram que *T. reesei* produz um número relativamente menor de celulases e hemicelulases em comparação com outros fungos que degradam a parede celular das plantas, e apenas dez genes de celulase e dezasseis genes de hemicelulase foram identificados através da sequenciação de todo o genoma *de T. reesei* (Fogarty e Kelly, 1980). Os genes relacionados com a degradação da biomassa lenhinocelulósica são potencialmente transcritos durante o cultivo do fungo, mas as proporções relativas das proteínas expressas podem variar muito, dependendo do meio de crescimento e das condições de cultivo (Forgarty e Kelly, 1979). Por exemplo, o sistema celulolítico extracelular de *T. reesei* em resposta a 1 mMsoforose é composto por 85% de celobiohidrolases, 15% de endoglucanases e apenas 1% de β-glucosidase (Got *et al.*, 1998), o que é bastante diferente das misturas de enzimas produzidas em meios à base de sorbose ou lactose (*Guptaet al*, 2008) Embora fosse benéfico se os hidrolisados usados pudessem servir como uma fonte de nutrientes barata para *T. reesei,* as misturas de enzimas produzidas em tais meios não estão bem caracterizadas no que respeita à identificação e quantificação de proteínas.

As paredes celulares das plantas são a fonte renovável mais abundante de açúcares fermentáveis na Terra (Saleemet *al.*, 2008) e são o principal reservatório de carbono fixo na natureza (Yang *et al.*, 2007). Os principais componentes das paredes celulares das plantas são a celulose, a hemicelulose e a lenhina, sendo a celulose o componente mais abundante. A biomassa vegetal é composta, em média, por 23% de lenhina, 40% de celulose e 33% de hemicelulose em peso seco (Sa-Pereira *et al.*, 2003). Anualmente, formam-se 830 Gt de biomassa vegetal renovável, constituída principalmente por celulose e hemiceluloses (Rauscher *et al.*, 2006). A biomassa vegetal é uma fonte natural alternativa para produtos químicos e matérias-primas com um ciclo de substituição suficientemente curto para satisfazer a procura do mercado mundial de combustíveis.

A celulose é constituída principalmente por polímeros longos de β 1-4, unidades de glucose ligadas e forma uma estrutura cristalina. As enzimas celulase, que podem hidrolisar a celulose formando glucose e outros produtos químicos de base, podem ser divididas em três tipos: endoglucanase (endo-1, 4-β-D-glucanase, EG, EC 3.2.1.4); celobiohidrolase ou exoglucanase (exo-1, 4-β-D-glucanase, CBH, EC 3.2.1.91) e β-glucosidase (1, 4-β-D-glucosidase, BG, EC 3.2.1.21). As celulases são enzimas industriais importantes e encontram aplicações em vários processos industriais. Os investigadores têm grande interesse nas celulases devido às suas aplicações nas indústrias de processamento de amido, fermentação de álcool de cereais, maltagem e fabrico de cerveja, extração de sumos de fruta e vegetais, indústria de pasta e papel e indústria têxtil. A tecnologia mais promissora para a conversão da biomassa lignocelulósica em etanol combustível baseia-se na decomposição enzimática da celulose utilizando enzimas celulases. Muitas estirpes de fungos segregam quantidades mais elevadas de celulases do que as bactérias, sendo a *Trichoderma* a principal. A maioria das celulases comerciais são enzimas mesófilas produzidas pelos fungos filamentosos *Trichodermareesei* e *Aspergillusniger*. Este processo reflecte bem o facto de os fungos filamentosos serem naturalmente excelentes secretores de proteínas e poderem produzir enzimas industriais em quantidades viáveis. As celulases produzidas por *T. harzianum* são o sistema enzimático mais eficiente para a hidrólise completa de substratos celulósicos na sua glucose monomérica, que é um açúcar fermentável.

O recente impulso na bioconversão de resíduos agrícolas e industriais em matéria-prima química levou a estudos alargados sobre enzimas celulolíticas produzidas por fungos e bactérias. A celulose é um recurso potencialmente valioso para fibras, combustíveis e alimentos para animais. Até à data, as investigações sobre a capacidade dos micróbios para degradar a celulose nativa e modificada revelaram que apenas alguns fungos têm capacidade para degradar a celulose nativa. A maioria dos micróbios pode, no entanto, degradar a celulose modificada. O custo da matéria-prima dos hidratos de carbono influencia a economia de muitos processos de fermentação, pelo que o custo desempenha um papel decisivo no futuro e no âmbito das indústrias que utilizam processos de fermentação. Tem sido dada muita ênfase ao rastreio dos resíduos agrícolas para a libertação de açúcares produzidos pela hidrólise de lignocelulose. Assim, os açúcares redutores libertados após a sacarificação da hidrólise de resíduos agrícolas disponíveis podem ser utilizados para a produção de álcool e outros produtos químicos. A sacarificação de diferentes resíduos agrícolas foi registada por outros trabalhadores que utilizaram enzimas de diferentes organismos. A sacarificação da palha de erva Kallar com celulases termoestáveis de vários fungos, incluindo *Chaetomium thermophile*, *Trichodermareseei*, *Sporotrichum thermophile*, *Aspergillusfumigatus*, *Torulathermophila* e *Humicolagrisea*. Okeke e Obi (1995) relataram a sacarificação de resíduos agrícolas por celulases e hemicelulases de dois isolados fúngicos, nomeadamente *Sporotrichumpruinosum* e *Arthrographis* sp. Enquanto várias condições de hidrólise de skop (resíduos de fibras curtas da indústria do papel) e material celulósico por enzimas celulolíticas de fungos.

A celulose é um polímero linear de subunidades de glucose ligadas entre si por ligações β-1,4-glucosídicas com um grau de polimerização até 15000. Na parede celular da madeira, a celulose forma microfibrilas e fibras estabilizadas por ligações de hidrogénio entre os grupos hidroxilo das cadeias de celulose adjacentes. As hemiceluloses são heteropolissacáridos, constituídos por polissacáridos com ligações β-1,4 com diferentes graus de substituição. Os grupos carboxilo das hemiceluloses estão ligados covalentemente à lenhina através de ligações éter e éster benzílico. As principais hemiceluloses da madeira de coníferas e de folhosas são o galactoglucomanano e o arabinoglucuronoxilano, respetivamente. Dependendo da espécie, a madeira contém extractivos de 2 a 5% do peso seco. Os extractivos são constituídos por triglicéridos, ácidos gordos, ácidos resínicos, ésteres estéreis e substâncias fenólicas, que conferem à madeira resistência ao ataque microbiano.

Phanerochaetechrysosporium e *Trametesversicolor têm* sido objeto de investigação intensiva e de uma maior compreensão da fisiologia; foi adquirida uma maior compreensão da biologia bioquímica e molecular das enzimas lenhinocelulolíticas nos organismos acima referidos. Grande parte dos conhecimentos adquiridos sobre as enzimas lignocelulolíticas provém de trabalhos sobre *Phanerochaetechrysosporium* (*P. chrysosporium*). Não existem relatórios disponíveis sobre enzimas celulolíticas de *Stereumostrea* (*S. ostrea*).

Pectinase

Entre as 44 estirpes analisadas quanto à atividade pectolítica, quatro foram identificadas como produtoras de pectinase, *nomeadamente Aspergillusniger, A. flavus, A. Japonicus e Chaetomiumglobosum.*

A pectinase é um termo geral para as enzimas, tais como a pectolase, a pectozima e a poligalacturonase, normalmente referidas na indústria cervejeira como enzimas pécticas. Estas enzimas decompõem a pectina, um substrato polissacárido que se encontra nas paredes celulares das plantas. Uma das pectinases comerciais mais estudadas e amplamente utilizadas é a poligalacturonase. É útil porque a pectina é a matriz gelatinosa que ajuda a cimentar as células vegetais e na qual estão incorporados outros componentes da parede celular, como as fibrilas de celulose. Por conseguinte, as enzimas pectinases são normalmente utilizadas em processos que envolvem a degradação de materiais vegetais, como a aceleração da extração de sumo de fruta, incluindo maçãs e sapota. As pectinases também têm sido utilizadas na produção de vinho desde a década de 1960. A função da pectinase na produção de cerveja é dupla: em primeiro lugar, ajuda a degradar o material vegetal (normalmente fruta) e, por conseguinte, ajuda a extrair os aromas do mosto. Em segundo lugar, a presença de pectina no vinho acabado provoca uma névoa ou uma ligeira turvação. A pectinase é utilizada para a decompor e, assim, clarificar o vinho.

Podem ser extraídas de fungos como o *Aspergillusniger*. O fungo produz estas enzimas para quebrar a lamela média das plantas, de modo a poder extrair nutrientes dos tecidos vegetais e inserir hifas fúngicas. Se a pectinase for fervida, é desnaturada (desdobrada), o que dificulta a sua ligação à pectina no local ativo e a produção de sumo. A adição de agentes quelantes ou o pré-tratamento do material vegetal com ácido aumenta o efeito da enzima. As crescentes exigências energéticas têm centrado a atenção mundial na utilização de recursos renováveis, particularmente resíduos agrícolas e florestais, cujos principais componentes são a celulose, o amido, a lenhina, a xilana e a pectina. Estes materiais têm atraído uma atenção considerável como matéria-prima alternativa e fonte de energia, uma vez que estão disponíveis em abundância. Vários micróbios são capazes de utilizar estas substâncias como fontes de carbono e energia, produzindo uma vasta gama de enzimas em diferentes nichos ambientais. A produção de pectinase ocupa cerca de 10% do fabrico global de preparações enzimáticas. As enzimas pectinolíticas são amplamente utilizadas na indústria alimentar para a produção de sumos e de vinho. As pectinases são uma das enzimas mais recentes das indústrias frutícola e têxtil. Estas enzimas decompõem os polissacáridos complexos dos tecidos vegetais em moléculas mais simples, como os ácidos galacturónicos. O papel das pectinases ácidas na redução da turvação e do amargor dos sumos de fruta está bem estabelecido. Recentemente, tem havido um bom número de relatórios sobre a aplicação de pectinases alcalinas na indústria têxtil para a decapagem e degomagem de culturas de fibras, produção de papel de boa qualidade, fermentação de café e chá, extracções de óleo e tratamento de águas residuais pécticas. Esta revisão discute vários tipos de pectinases e as suas aplicações no sector comercial.

As substâncias pécticas são macromoléculas glicosídicas complexas de elevada massa molecular presentes nas plantas superiores. Estão presentes na parede celular primária e são os principais componentes da lamela média, uma fina camada adesiva extracelular formada entre as paredes de células jovens adjacentes. São reconhecidos três grandes grupos de polissacáridos pécticos, todos contendo ácido D-galacturónico em maior ou menor grau.

Pectinases microbianas

As enzimas pectinolíticas são produzidas naturalmente por muitos organismos como bactérias, fungos, leveduras, insectos, nemátodos, protozoários e plantas. As pectinases microbianas são importantes no processo fitopatológico, na simbiose planta-micróbio e na decomposição de material vegetal morto, contribuindo para o ciclo natural do carbono. As pectinases são abundantemente produzidas por fungos saprófitas, e o tecido vegetal em decomposição representa o substrato mais comum para os microrganismos produtores de pectinases. O ataque de plantas por microrganismos patogénicos começa geralmente pelo ataque de enzimas pectinolíticas, uma vez que as substâncias pécticas são mais acessíveis do que outras fibras no tecido vegetal. Vários estudos sobre enzimas microbianas mostraram a produção de várias formas de pectinase que diferem em termos de massa molecular e propriedades cinéticas. A produção de múltiplas formas de enzimas melhora a capacidade de adaptação do microrganismo às modificações ambientais. A parede celular é a primeira linha de defesa das plantas, tendo um papel crucial na prevenção de infecções. Consiste principalmente nos grandes biopolímeros celulose, hemicelulose, lignina e pectina; no entanto, a composição pode mudar de acordo com a idade e as condições fisiológicas da planta. Nesse caso, o microrganismo patogénico precisa de produzir um conjunto de enzimas para infetar com êxito o tecido vegetal.

A maioria dos microrganismos patogénicos produz uma grande variedade de enzimas da parede celular das plantas e alguns estudos mostraram que, a este respeito, as poligalacturonases desempenham um papel importante na virulência de alguns fungos e bactérias. Kars e colaboradores registaram uma redução da virulência *de Botrytiscinerea* após a eliminação do gene Bcpg2 que codifica uma poligalacturonase. As PGs são também importantes para a virulência de outros fungos e bactérias, como *Aspergillusflavus, Alternariacitri, Clavicepspurpurea, Agrobacterium tumefaciens* e *Ralstoniasolanacearum.* As substâncias pécticas são ricas em ácido galacturónico carregado negativamente ou metil-esterificado. O nível de esterificação e a distribuição dos resíduos esterificados ao longo da molécula de pectina variam consoante o ciclo de vida da planta e entre diferentes espécies. Assim, a capacidade de alguns microrganismos fitopatogénicos para produzir uma variedade de enzimas pectinolíticas que diferem nas suas caraterísticas, principalmente na sua especificidade de substrato, pode proporcionar-lhes maior eficácia na degradação da pectina da parede celular e, consequentemente, maior sucesso na infeção da planta. Várias poligalacturonases podem ser expressas a partir de apenas um gene ou de alguns genes diferentes. Caprari e colaboradores relataram a produção de quatro endopoligalacturonases pelo fungo patogénico *Fusariummoniliforme* que diferem na extensão da glicosilação do mesmo gene originário do polipeptídeo. Por outro lado, as poligalacturonases de *Aspergillusniger* são codificadas por uma família de genes divergentes.

As isozimas de PG apresentam diferenças significativas na especificidade do substrato, nos parâmetros cinéticos e no pH ótimo. As isozimas de poligalacturonase produzidas pelo fungo fitopatogénico *Botrytiscinerea* foram isoladas utilizando diferentes condições de fermentação. A maior parte das enzimas que degradam a parede celular das plantas são codificadas por uma grande família multigénica que apresenta vias de expressão divergentes, sugerindo uma especialização funcional. Uma vez que a pectina não pode entrar na célula, foi sugerido que os compostos estruturalmente relacionados com este substrato poderiam induzir a produção de enzimas pécticas pelos microrganismos. Níveis baixos de actividades constitutivas podem atacar o substrato polimérico e libertar produtos de baixo peso molecular que actuam como indutores. Poucos trabalhadores estudaram a expressão de 26 genes pectinolíticos de *Aspergillusniger* em 16 condições de crescimento diferentes para obter um perfil de expressão para cada gene. Os seus resultados fornecem uma forte indicação de um sistema geral de ativação da expressão de genes pectinolíticos em *A. niger* que responde à presença de ácido D-galacturónico ou de um metabolito dele derivado. Este sistema regula tanto os genes que codificam as enzimas que actuam na cadeia principal da pectina como os genes que codificam as enzimas acessórias. A regulação dos genes pectinolíticos parece ser complexa; os genes individuais são expressos em momentos diferentes e em resposta a diferentes fontes de carbono contendo ácido D-galacturónico.

Os fungos superiores e as suas enzimas, bem como os esporos ou metabolitos, estão bem adaptados ao crescimento em substratos sólidos húmidos. Por exemplo, os esporos fúngicos produzidos por SSF apresentam uma maior estabilidade, são mais resistentes à secagem e exibem taxas de germinação mais elevadas durante longos períodos de tempo após a liofilização do que os esporos produzidos por SmF. Os principais obstáculos são a baixa capacidade de regulação do processo, as condições de fermentação fortemente heterogéneas e a consequente reprodutibilidade frequentemente insatisfatória dos resultados, o aumento de escala difícil, a determinação frequentemente inviável da biomassa e a purificação complicada do produto por processos a jusante resultantes da utilização de substratos de crescimento orgânicos heterogéneos. Substância péctica é um nome genérico utilizado para os compostos sobre os quais actuam as enzimas pectinolíticas. São macromoléculas glicosídicas complexas (polissacáridos) de elevado peso molecular, carregadas negativamente, ácidas e presentes no reino vegetal. Estão presentes como os principais componentes da lamela média entre as células sob a forma de pectato de cálcio e pectato de magnésio.

As substâncias pécticas consistem principalmente em galacturonanos e ramnogalacturonanos em que o carbono C-6 do galactato é oxidado a um grupo carboxilo, como os arabinanos e os arabinogalactanos. Estas substâncias são um grupo de materiais poliméricos coloidais complexos, compostos em grande parte por uma coluna vertebral de unidades de ácido anidrogalacturónico. As enzimas são os compostos bioactivos que regulam muitas alterações químicas nos tecidos vivos. As pectinas são polissacáridos estruturais versáteis de plantas superiores que contêm longas cadeias de ácido galacturónico com resíduos de grupos carboxilo e com diferentes graus de ésteres metílicos. São visíveis de forma proeminente na lamela média e na parede celular primária, ocupando um terço do peso seco do tecido vegetal. A redução do investimento de capital através da utilização de resíduos industriais agrícolas e de transformação de fruta de baixo custo como matérias-primas não só impulsiona a comercialização do produto como também ajuda na reciclagem. Para uma produção bem sucedida de pectinases em grande escala, deve ser utilizado um processo em várias etapas que envolva o rastreio de amostras de solo provenientes de resíduos agro-industriais para novas bactérias nativas (organismos), processos de fermentação organizados (up streaming e down streaming), implementação de técnicas como o melhoramento de estirpes ou quaisquer técnicas modernas para aumentar o rendimento das bactérias isoladas, de forma coordenada. O pH das pectinases alcalinas bacterianas varia geralmente entre 10 e 11. As estirpes *de Bacillus* são consideradas fontes potentes de exopoligalacturonases. Os análogos da glucose são utilizados no isolamento de mutantes com produção excessiva para aumentar o rendimento. As bactérias oferecem uma vantagem adicional de não serem influenciadas por factores climáticos e sazonais. Algumas das bactérias pectinolíticas incluem *Bacillus* sp., *Clostridium* sp. e pseudomonas sp. A bioinformática desempenha um papel importante no recente advento da investigação. Abre um caminho simples para a análise estrutural.

Extração de sumo de fruta

A maior aplicação industrial das pectinases é na extração e clarificação de sumos de fruta. As pectinas contribuem para a viscosidade e turbidez dos sumos de fruta. Uma mistura de pectinases e amilases é utilizada para clarificar os sumos de fruta. Diminui o tempo de filtração até 50%. O tratamento de polpas de fruta com pectinases também mostrou um aumento no volume do sumo de fruta de banana, uvas e maçãs. As pectinases em combinação com outras enzimas, nomeadamente celulases, arabinases e xilanases, têm sido utilizadas para aumentar a eficiência da prensagem dos frutos para extração de sumo. A infusão de pectinases no vácuo tem uma aplicação comercial para amolecer a casca dos citrinos para remoção. Esta técnica pode expandir-se no futuro para substituir o corte manual para a produção de segmentos enlatados. A infusão de pêssegos de caroço livre com pectina-metilesterase e cálcio resulta em frutos quatro vezes mais firmes. Isto pode ser aplicado ao processamento de pickles, onde pode ocorrer um amolecimento excessivo durante a fermentação e o armazenamento.

Pectinases e sua ação

As pectinases são um grupo complexo e heterogéneo de diferentes enzimas que actuam especificamente sobre as substâncias pécticas. As pectinases actuam sobre e diminuem a adesividade intracelular e a rigidez dos tecidos. A atividade das pectinases é também influenciada pelos parâmetros físicos e químicos que são vitais para o aumento do rendimento. As pectinases são os polissacáridos ácidos que consistem em 3 classes principais. Estas incluem a polimetilesterase (PME), a poligalacturonase (PG) e a pectatelyase (PAL). As poligalacturonases provocam a quebra da ligação α (1-4) - glicosídica entre os resíduos de ácido galacturónico. A pectatelyase actua sobre a pectina eliminando os oligossacáridos dos resíduos de ácido galacturónico ligados α (1-4). As polimetilesterases actuam sobre os ésteres metílicos da pectina, libertando metanol. Os micróbios destacam-se pela sua capacidade de produzir pectinases desde que disponham de um substrato específico.

Processamento têxtil e biocura de fibras de algodão

As pectinases têm sido utilizadas em conjunto com amilases, lipases, celulases e hemicelulases para remover os agentes de colagem do algodão de uma forma segura e ecológica, substituindo a soda cáustica tóxica utilizada anteriormente para o efeito. A biocura é um novo processo de remoção de impurezas não celulósicas da fibra com enzimas específicas. As pectinases têm sido utilizadas para este fim sem qualquer efeito secundário negativo na degradação da celulose.

Desgomagem de fibras vegetais liberianas

As fibras bastas são as fibras macias que se formam em grupos fora do xilema, do floema ou do periciclo, por *exemplo*, o Ramie e o cânhamo sunn. As fibras contêm goma, que deve ser removida antes da sua utilização no fabrico de têxteis. O tratamento químico de degomagem é poluente, tóxico e não biodegradável. A degomagem biotecnológica utilizando pectinases em combinação com xilanases apresenta uma alternativa ecológica e económica para o problema acima referido.

Fósforo

De todos os 9 isolados analisados para a atividade de fosfatase, os isolados de *Aspergillusniger, A. japonicus, Chaetomiumglobosum, Cladosporiumcladosporioides e Penicilliumspecies*, foram considerados produtores potentes de fosfatase.

Uma parte do fósforo nos solos está ligada organicamente. O fosfato orgânico é frequentemente a forma dominante na camada superior do solo, embora em grande parte não esteja disponível para as plantas. Uma grande parte do fosfato que é aplicado ao solo como fertilizante torna-se rapidamente indisponível para as plantas, acumulando-se em fracções de fosfato inorgânico que são fixadas por adsorção química e precipitação, e fracções de fosfato orgânico que são imobilizadas na matéria orgânica do solo e na biomassa microbiana. O conteúdo médio de fósforo orgânico em solos cultivados varia de 5 a 50% do total de fosfato. Os solos fertilizados contêm uma quantidade significativa de fosfato total do solo, que cerca de 50 a 80 % pode existir na forma orgânica. A importância do fosfato orgânico do solo como fonte de fosfato disponível para as plantas depende da sua taxa de solubilização e da taxa de libertação de fosfato inorgânico. Alguns microrganismos de vida livre no solo têm a capacidade de produzir enzimas extracelulares, como a fosfatase. Esta enzima é capaz de mineralizar os fosfatos orgânicos em fosfatos inorgânicos que fornecem um elevado teor de fosfato às plantas. As fosfatases do solo desempenham um papel importante nos processos de mineralização (desfosforilação) de substratos de fosfato orgânico. As enzimas nos solos são originárias de fontes animais, vegetais e microbianas e a atividade biológica do solo resultante inclui os processos metabólicos de todos os organismos (Cookson,

2002). A literatura mostra que, em condições favoráveis, os microrganismos fornecem a maior parte da atividade enzimática do solo (*Sarapatkaet al.*, 2004).

A atividade da enzima fosfatase é afetada por alguns factores, ou seja, a quantidade e o tipo de substrato (*Fitriatinet al.*, 2008), o pH, a temperatura, o material do inibidor e do ativador, a concentração da enzima e do produto e também o tipo de solvente utilizado. Além disso, a atividade da fosfatase do solo também é afetada pelas propriedades químicas e físicas do solo, *ou* seja, tipo de solo, teor de matéria orgânica, teor de N total, relação C/N e teor de fosfato total. O fósforo (P) é o principal macronutriente essencial para o crescimento e o desenvolvimento biológicos. O fosfato inorgânico e os seus ésteres e anidridos orgânicos são as formas predominantes de fósforo encontradas nos sistemas biológicos. Estes compostos são metabolitos necessários em todos os organismos vivos. O fósforo pode existir em duas formas: solúvel e insolúvel. O fósforo em formas insolúveis, como o fosfato tricálcico [Ca3 (PO4)2], o fosfato de ferro (FePO4) e o fosfato de alumínio (AlPO4), não está disponível para os organismos vivos, incluindo microrganismos e plantas. No entanto, alguns microrganismos desempenham um papel importante na solubilização de fosfatos, convertendo formas insolúveis de fosfato em formas acessíveis. Estes grupos específicos de microrganismos, denominados "microrganismos solubilizadores de fosfato", foram registados em diferentes géneros e espécies. A solubilização de fósforo foi registada em bactérias tais *comoAgrobacterium* sp., *Arthrobacterureafaciens, Bacillus firmus, Bacillus* sp., *ChryseobacterlumDelftia* sp., *Enterobacteragglomeran, Enterobacter* sp, *Flavobacterium* sp., *Gordonia* sp., *Klebsiella* sp., *Paenibacillus* sp., *Pantoea* sp., *Phyllobacteriummyrsina, Pseudomonas* sp., *Rhizobium* sp., *Rhodococcuserythropolis* e *Serratiamarcescens*. Fungos *como Aspergillusniger, Penicilliumitalicum* e *Trichoderma* sp. também foram relatados pela sua atividade de solubilização de fosfato. A atividade de solubilização de fosfatos dos microrganismos foi fortemente associada à secreção de ácidos orgânicos de baixo peso molecular ou à atividade enzimática. A fosfatase é uma das enzimas que liberta o fósforo dos compostos orgânicos através da desfosforilação das ligações fosfo-éster ou fosfoanidrido na matéria orgânica. As fosfatases ácidas, neutras e alcalinas catalisam esta reação em condições ácidas, neutras e alcalinas, respetivamente. Por exemplo, foram comunicados os pHs óptimos de 4,8 ou 5,8 para a fosfatase ácida e o pH ótimo de 9,0 para a fosfatase alcalina de isolados *de Bordetellabronchiseptica.* O pH ótimo de 6,4 foi indicado para a fosfatase neutra de *Treponemadenticola.*

A fosfatase alcalina (ALP, ALKP) é uma enzima hidrolase responsável pela remoção dos grupos fosfato de muitos tipos de moléculas, incluindo nucleótidos, proteínas e alcalóides. O processo de remoção do grupo fosfato é designado por desfosforilação. Como o nome sugere, as fosfatases alcalinas são mais eficazes num ambiente alcalino. É por vezes utilizada como sinónimo de fosfatase básica.

Nas bactérias, a fosfatase alcalina está localizada no espaço periplasmático, exterior à membrana celular. Uma vez que este espaço está muito mais sujeito a variações ambientais do que o próprio interior da célula, a fosfatase alcalina bacteriana é comparativamente resistente à inativação, desnaturação e degradação, e também tem uma taxa de atividade mais elevada. Embora o objetivo real da enzima ainda não seja totalmente compreendido, a hipótese simples de que é um meio para as bactérias gerarem grupos de fosfato livre para absorção e utilização é apoiada pelo facto de a fosfatase alcalina ser normalmente produzida pelas bactérias apenas durante a fome de fosfato e não quando o fosfato é abundante. No entanto, existem outras possibilidades; por exemplo, a presença de grupos fosfato impede normalmente a passagem de moléculas orgânicas através da membrana, pelo que a sua desfosforilação pode ser importante para a absorção bacteriana de compostos orgânicos na natureza. No entanto, no laboratório, *Escherichia coli* mutante sem fosfatase alcalina sobrevive bastante bem, assim como mutantes incapazes de interromper a produção de fosfatase alcalina. O pH ótimo para a atividade da enzima de E. *coli* é de 8,0, enquanto que o pH ótimo da enzima bovina é ligeiramente superior, 8,5.

Capítulo - 5

Atividade anti-microbiana

Efeito de extractos de plantas aromáticas e medicinais *in vitro* contra o crescimento de (Tabela: 9) *Aspergillus niger, Aspergillus flavus, Chaetomium globosum, Cladosporium cladosporioides, Nigrosporasphaerica,* Penicilliumsp. eSclerotiumrolfsii.Os fungos isolados selecionados do solo foram testados quanto aos efeitos inibitórios dos extractos de plantas aromáticas e medicinais e os resultados revelaram que 16 extractos de plantas foram testados *in vitro* contra o crescimento de (Placa: 1-10) *Aspergillus niger, Aspergillus flavus, Chaetomiumglobosum, Cladosporiumcladosporioides, Nigrosporasphaerica,* Penicilliumsp. Dos 16 extractos de plantas (Tabela :1) *Cymbopogon citratus, Cymbopogon caesius, Rhynchosiaboddomei, Azadirachtaindica,* e *Andrographis paniculata* mostraram a maior inibição de crescimento dos fungos, onde a menor inibição de crescimento foi observada no extrato de folha deAzadirachta *indica.*

O subcontinente indiano destaca-se pela biodiversidade vegetal com várias propriedades medicinais, o que permite aos curandeiros tradicionais desenvolverem terapias eficazes contra várias doenças. Estima-se que cerca de 80% da população mundial dependa de medicamentos à base de plantas para os seus cuidados de saúde, tendo sido registadas tendências semelhantes na Índia, onde uma grande população rural e tribal depende fortemente da utilização de plantas tradicionais para as suas necessidades de saúde física e psicológica. Devido à segurança e à relação custo-eficácia, a utilização de plantas na medicina tradicional e moderna está a aumentar. A utilização de plantas pelo homem para tratar doenças comuns é imemorial e muitos dos medicamentos tradicionais ainda fazem parte do tratamento habitual de várias doenças. Cerca de 60 % da população mundial total continua a depender dos medicamentos tradicionais para o seu sistema de saúde. Na Índia, sabe-se que milhares de espécies têm valores medicinais e a utilização de diferentes partes de várias plantas medicinais para curar doenças específicas está em voga desde tempos antigos. As plantas medicinais são recursos naturais valiosos e consideradas como medicamentos potencialmente seguros, tendo sido testadas quanto à sua atividade biológica, antimicrobiana e hipoglicémica, além de desempenharem um papel importante na medicina moderna. É sabido que mesmo os medicamentos mais sintéticos têm a sua origem em produtos vegetais. Recentemente, o interesse científico pelas plantas medicinais aumentou devido à maior eficácia dos medicamentos derivados de plantas e à crescente preocupação com os efeitos secundários da medicina moderna. A eficácia dos agentes antimicrobianos actuais foi reduzida devido ao aparecimento contínuo de organismos resistentes aos medicamentos e às adaptações dos agentes patogénicos microbianos aos antimicrobianos habitualmente utilizados. Por conseguinte, a procura de novos medicamentos a partir de plantas continua a ser uma fonte importante de medicamentos comerciais. Os antimicrobianos à base de plantas representam uma vasta fonte inexplorada de medicamentos, mesmo após o seu enorme potencial terapêutico e eficácia no tratamento de doenças infecciosas, pelo que é necessário continuar a explorar os antimicrobianos à base de plantas. O rastreio da atividade antimicrobiana de extractos de plantas e seus produtos mostrou que as plantas superiores representam uma fonte potencial de novos protótipos de antibióticos. A seleção de extractos vegetais brutos para programas de rastreio é potencialmente mais bem sucedida nas fases iniciais do que os compostos puros. Esta seleção de vários extractos de plantas foi previamente estudada por muitos trabalhadores. Embora centenas de espécies de plantas tenham sido testadas quanto às suas propriedades antimicrobianas, a grande maioria delas ainda não foi avaliada.

Um antimicrobiano é uma substância que mata ou inibe o crescimento de microrganismos, como bactérias, fungos ou protozoários. Os medicamentos antimicrobianos matam os micróbios (microbiocidas) ou impedem o crescimento de micróbios (microbiostáticos). Os desinfectantes são substâncias antimicrobianas utilizadas em objectos não vivos ou fora do corpo. A história dos antimicrobianos começa com as observações de Pasteur e Joubert, que descobriram que um tipo de bactéria podia impedir o crescimento de outro. Nessa altura, não sabiam que a razão pela qual uma bactéria não se desenvolvia era o facto de a outra bactéria estar a produzir um antibiótico. Tecnicamente, os antibióticos são apenas as substâncias produzidas por um microrganismo que matam ou impedem o crescimento de outro microrganismo. É claro que, no uso comum atual, o termo antibiótico é usado para se referir a quase todos os medicamentos que tentam livrar o corpo de uma infeção bacteriana. Os antimicrobianos incluem não apenas antibióticos, mas também compostos sintetizados.

A descoberta de antimicrobianos como a penicilina e a tetraciclina abriu caminho para a melhoria da saúde de milhões de pessoas em todo o mundo. Antes de a penicilina se tornar um tratamento médico viável, no início da década de 1940, não existia uma verdadeira cura para a gonorreia, a faringite estreptocócica ou a pneumonia. Os doentes com feridas infectadas tinham frequentemente de remover um membro ferido ou enfrentar a morte por infeção. Atualmente, a maioria destas infecções pode ser curada facilmente com um curto tratamento com antimicrobianos. No entanto, com o desenvolvimento dos antimicrobianos, os microrganismos adaptaram-se e tornaram-se resistentes aos agentes antimicrobianos anteriores. A antiga tecnologia antimicrobiana baseava-se em venenos ou metais pesados, que podem não ter matado completamente o micróbio, permitindo que este sobrevivesse, se modificasse e se tornasse resistente aos venenos e/ou metais pesados.

A nanotecnologia antimicrobiana é uma novidade recente na luta contra os organismos causadores de doenças, substituindo os metais pesados e as toxinas e podendo um dia vir a ser uma alternativa viável. As infecções adquiridas durante uma visita ao hospital são designadas por "infecções adquiridas no hospital" ou infecções nosocomiais. Do mesmo modo, quando a doença infecciosa é contraída em ambiente não hospitalar, é considerada "adquirida na comunidade".

Os antifúngicos actuam explorando as diferenças entre as células dos mamíferos e dos fungos para matar o organismo fúngico sem efeitos perigosos para o hospedeiro. Ao contrário das bactérias, tanto os fungos como os seres humanos são eucariotas. Assim, as células fúngicas e humanas são semelhantes a nível molecular, o que torna mais difícil encontrar um alvo para um medicamento antifúngico atacar que não exista também no organismo infetado. Por conseguinte, alguns destes medicamentos têm frequentemente efeitos secundários. Alguns destes efeitos secundários podem ser fatais se o medicamento não for utilizado corretamente.

Antimicrobianos e reparação de bolor doméstico - Os tratamentos antifúngicos são frequentemente procurados para tratar o crescimento de bolor em materiais domésticos húmidos ou molhados que apresentam crescimento de bolor. Note-se que a maioria dos problemas de bolor em casa são causados pela humidade/água e a solução para vencer o crescimento de bolor depende mais do controlo da água/ humidade e da remoção/descarte dos materiais danificados pelo bolor. A limpeza dos materiais danificados por bolor pode resultar num aspeto visualmente aceitável, mas a maioria dos métodos de limpeza não mata o bolor nem impede o seu regresso. Por este motivo, a gestão da humidade é o principal objetivo da prevenção do bolor. Geralmente, os níveis de humidade relativa em casa superiores a 54% favorecem o crescimento de bolor na maioria dos materiais que contêm celulose (tecidos, alcatifas e bases de alcatifa, madeira, papel, caixas, pó e cotão). O bolor também cresce facilmente na maioria das tintas de látex e no couro.

Os antimicrobianos utilizados na reparação doméstica seguem uma variedade de química e funções. Um método comum de reparação de bolor utiliza bicarbonato de sódio (bicarbonato de sódio) como meio de jato, tal como a areia é utilizada para jactar (limpar) superfícies sob a propulsão de ar comprimido. Este "jato de soda" produz uma grande nuvem de pó com pH alcalino e o seu resíduo, que penetra nas superfícies de madeira e pintadas, é também naturalmente antimicrobiano devido ao pH elevado e à presença de bicarbonato de sódio. Se for utilizado isoladamente, a humidificação repetida pode lavar o resíduo de bicarbonato de sódio e o bolor pode voltar aos materiais se a fonte de água não for gerida. O gelo seco (Dióxido de Carbono (CO_2) congelado) também é utilizado como agente de jato de areia quando a limpeza é mais restritiva (*por exemplo*, sótãos) e, embora o jato de gelo seco não deixe resíduos antimicrobianos, prepara a superfície jacteada para receber um como passo secundário. Um antimicrobiano profissional popular (Serum) é frequentemente aplicado após ou sem o jato de soda ou gelo seco e, numa das suas variantes, é uma mistura de peróxido de hidrogénio e um revestimento fino da superfície que neutraliza o bolor (tornando-o inviável) e encapsula a superfície para evitar a libertação de esporos. Outros tratamentos de superfície antimicrobianos contêm normalmente variantes de metais conhecidos por suprimirem o crescimento de bolores, *ou seja*, pigmentos ou soluções que envolvem cobre, prata, zinco ou outros metais (alguns dos quais podem ser tóxicos para os seres humanos se aplicados incorretamente). A maior parte das soluções antimicrobianas são aplicadas por profissionais e não são vendidas ao público.

De acordo com a Organização Mundial de Saúde (OMS), mais de 80% da população mundial depende da medicina tradicional para as suas necessidades de cuidados de saúde primários. A utilização de medicamentos à base de plantas na Ásia representa uma longa história de interações humanas com o ambiente. As plantas utilizadas na medicina tradicional contêm uma vasta gama de substâncias que podem ser utilizadas para tratar doenças crónicas e infecciosas. É de esperar que se tenha acumulado um vasto conhecimento sobre a forma de utilizar as plantas contra diferentes doenças em zonas onde a utilização de plantas ainda é de grande importância. O valor medicinal das plantas reside em algumas substâncias químicas que produzem uma ação fisiológica definida no corpo humano. Os mais importantes destes compostos bioactivos das plantas são os alcalóides, os flavonóides, os taninos e os compostos fenólicos.

As comunidades rurais, em particular as tribos paliyar, dependem dos recursos vegetais principalmente para medicamentos à base de plantas, alimentos, forragem, construção de habitações, fabrico de utensílios domésticos, colchões para dormir, e para o fogo e a sombra. A utilização de plantas medicinais como medicamentos tradicionais é bem conhecida nas zonas rurais de muitos países em desenvolvimento (Alva *et al.*, 2007). Os curandeiros tradicionais afirmam que os seus medicamentos são mais baratos e mais eficazes do que os medicamentos modernos. Nos países em desenvolvimento, as pessoas com baixos rendimentos, como os agricultores, os habitantes de pequenas aldeias isoladas e as comunidades nativas, utilizam a medicina popular para o tratamento de infecções comuns (Bergmann *et al.*, 1998). A resistência aos agentes antimicrobianos tornou-se um problema mundial cada vez mais importante e premente. Dos 2 milhões de pessoas que contraem infecções bacterianas nos hospitais dos EUA todos os anos, 70% dos casos envolvem atualmente estirpes resistentes a pelo menos um medicamento (Abu *et al.*, 2005). Um dos principais motivos de preocupação no Reino Unido é o *Staphylococcus aureus* resistente à meticilina (MRSA), que apresentava níveis baixos há uma década, mas que atualmente representa 50% de todos os isolados de *S.aureus* (*Akpanet al.*, 1999). A modificação estrutural dos medicamentos antimicrobianos aos quais se desenvolveu resistência provou ser um meio eficaz de prolongar o tempo de vida dos agentes antifúngicos, como os teazóis (Alva *et al*, 2007), de agentes antivíricos como os inibidores não nucleósidos da transcriptase reversa (Anupama e Ravindra, 2001) e de vários agentes antibacterianos, incluindo os lactâmicos e as quinolonas (Bergmann *et al.*, 1998). Não é, pois, surpreendente que, em resposta à resistência antimicrobiana, as principais empresas farmacêuticas tenham tendido a concentrar os seus esforços no melhoramento dos agentes antimicrobianos das classes estabelecidas (Bilinski e Stewart, 1995). No entanto, com a carteira de quimioterapêuticos atualmente disponíveis, reconheceu-se que os investigadores estão a aproximar-se do fim do jogo em termos de alterações da estrutura parental. Por conseguinte, foi lançado um apelo para o desenvolvimento de novas classes de medicamentos que actuem em locais-alvo diferentes dos atualmente utilizados (Buzzini e Martini, 2002). A conceção racional de medicamentos nem sempre produz antimicrobianos eficazes. No passado, foram concebidos e sintetizados com êxito inibidores enzimáticos potentes, mas a sua atividade antibacteriana foi modesta, provavelmente devido à complexa questão da absorção do fármaco pelas células. Os produtos naturais têm sido uma fonte particularmente rica de agentes anti-infecciosos, produzindo, por exemplo, as penicilinas em 1940, as tetraciclinas em 1948 e os glicopeptídeos em 1995.

As qualidades anti-sépticas das plantas aromáticas e medicinais e dos seus extractos são reconhecidas desde a Antiguidade, enquanto as tentativas de caraterização laboratorial destas propriedades remontam ao início do século XX. Os óleos voláteis das plantas são geralmente isolados de material vegetal não lenhoso por métodos de destilação, geralmente a vapor ou hidrodestilação, e são misturas variáveis de principalmente terpenóides, especificamente monoterpenos (C_{10}) e sesquiterpenos (C_{15}), embora os diterpenos (C_{20}) também possam estar presentes, e uma variedade de hidrocarbonetos alifáticos de baixo peso molecular (lineares, ramificados, saturados e insaturados), ácidos, álcoois, aldeídos, ésteres acíclicos ou lactonas e, excecionalmente, compostos contendo azoto e enxofre, cumarinas e homólogos de fenilpropanóides. A maioria dos terpenos deriva da condensação de unidades ramificadas de isopreno de cinco carbonos e são classificados de acordo com o número destas unidades presentes no esqueleto carbónico. Foram avaliadas as propriedades antimicrobianas dos óleos voláteis de plantas e dos seus constituintes de uma grande variedade de plantas.

As investigações sobre as actividades antimicrobianas, o modo de ação e as utilizações potenciais dos óleos voláteis de plantas ganharam novo ímpeto. Parece haver um renascimento da utilização de abordagens tradicionais para proteger o gado e os alimentos contra doenças, pragas e deterioração nos países industrializados. Isto é especialmente verdade no que respeita aos óleos voláteis de plantas e à sua avaliação antimicrobiana, como se pode ver pela vasta gama de organismos contra os quais os óleos voláteis foram testados. Entre estes incluem-se os organismos que deterioram os alimentos. Os agentes quimioterapêuticos, utilizados por via oral ou sistémica para o tratamento de infecções microbianas em seres humanos e animais, possuem diferentes graus de toxicidade selectiva. Embora o princípio da toxicidade selectiva seja utilizado na agricultura, farmacologia e microbiologia de diagnóstico, a sua aplicação mais dramática é a quimioterapia sistémica de doenças infecciosas. Os produtos vegetais testados parecem ser eficazes contra um amplo espetro de microrganismos, tanto patogénicos como não patogénicos. Administrados por via oral, estes compostos podem ser capazes de controlar uma vasta gama de micróbios, mas existe também a possibilidade de causarem um desequilíbrio na microflora intestinal, permitindo que *coliformes* patogénicos oportunistas se estabeleçam no trato gastrointestinal, com os consequentes efeitos deletérios. Devem ser efectuados mais estudos sobre as aplicações terapêuticas dos óleos voláteis para investigar estas questões, especialmente quando se considera o número substancial de estudos analíticos efectuados sobre estes produtos naturais.

Os óleos voláteis, a volatilidade dos seus componentes e a falta de solubilidade tornam estes extractos de plantas menos apelativos para aplicações desinfectantes gerais. No entanto, o seu papel como desinfectantes de salas de estar foi alegadamente investigado num estudo clássico. A sua volatilidade seria uma vantagem distinta na redução da contaminação microbiana no ar e em superfícies de difícil acesso. Embora as concentrações inibidoras mínimas para uma seleção de óleos testados numa câmara fechada fossem mais baixas na fase de vapor, as evidências sugerem que essas aplicações podem ter mérito. As plantas produzem uma gama diversificada de moléculas bioactivas, o que as torna uma fonte rica de diferentes tipos de medicamentos. A maior parte dos medicamentos actuais são obtidos a partir de fontes naturais ou de derivados semi-sintéticos de produtos naturais e utilizados nos sistemas tradicionais de medicina. Cerca de 20% das plantas existentes no mundo foram submetidas a ensaios farmacêuticos ou biológicos e um número sustentável de novos antibióticos introduzidos no mercado são obtidos a partir de recursos naturais ou semi-sintéticos. Foi relatado que, entre 1983 e 1994, o rastreio sistemático de extractos de plantas antibacterianas representa um esforço contínuo para encontrar novos compostos com potencial para atuar contra bactérias multi-resistentes.

Vários investigadores em todo o mundo efectuaram estudos antimicrobianos em algumas plantas medicinais, incluindo Betula *pendula* e *Ageratum houstonianum*. De acordo com a Organização Mundial de Saúde, as plantas medicinais seriam a melhor fonte para obter uma variedade de medicamentos. Os actuais avanços na tecnologia de descoberta de medicamentos e a procura de uma nova diversidade química intensificaram-se. Os esforços para explorar as pistas da Ayurveda, o sistema tradicional de medicina na Índia. A utilização de extractos de plantas e de fitoquímicos com propriedades antimicrobianas conhecidas reveste-se de grande importância. Nos últimos anos, foram realizadas várias investigações em todo o mundo para comprovar as actividades antimicrobianas das plantas medicinais. Durante um longo período de tempo, as plantas têm sido uma fonte valiosa de produtos naturais para a manutenção da saúde humana, especialmente na última década, com estudos mais intensivos para terapias naturais. De acordo com a Organização Mundial de Saúde, as plantas medicinais seriam a melhor fonte para obter uma variedade de medicamentos. Muitas plantas têm sido utilizadas devido às suas caraterísticas antimicrobianas, que são devidas a compostos sintetizados no metabolismo secundário da planta. Estes produtos são conhecidos pelas suas substâncias activas, por exemplo, os compostos fenólicos que fazem parte destes óleos essenciais, bem como o tanino. Existe uma necessidade contínua e urgente de descobrir novos compostos antimicrobianos com estruturas químicas diversas e novos mecanismos de ação para doenças infecciosas novas e reemergentes. Por conseguinte, os investigadores estão a voltar cada vez mais a sua atenção para a medicina popular, procurando novas pistas para desenvolver melhores medicamentos contra as infecções microbianas. As plantas verdes representam um reservatório de quimioterápicos eficazes e podem fornecer fontes valiosas de pesticidas naturais. Os biopesticidas têm sido sugeridos como um substituto eficaz dos produtos químicos. Estão disponíveis relatórios sobre a utilização de vários subprodutos vegetais, que possuem propriedades antimicrobianas, em várias bactérias e fungos patogénicos.

Capítulo - 6

RESUMO E CONCLUSÕES

Quarenta e quatro estirpes de fungos foram isoladas de diferentes tipos de solo (solo de fundo, vermelho, virgem, de arrozal e de lago seco) que ocorrem em diferentes locais do distrito de Chittoor, em Andhrapradesh. Seis destas estirpes foram positivas em termos de atividade amilolítica quando analisadas em meios de placa de Petri contendo amido como única fonte de hidratos de carbono. A enzima amilase extracelular foi parcialmente purificada por precipitação com sulfato de amónio e diálise.

Estas seis estirpes foram identificadas como *Aspergillus niger, A. japanicus, A. terreus, A. flavus, Cladosporium cladosporioides* e *Chaetomiumglobosum*, apresentando níveis muito elevados de amilase por fermentação submersa. A produção máxima de enzimas foi obtida neste meio contendo amido. O efeito de diferentes temperaturas na produção de enzimas mostrou que 30^0 C foi a temperatura óptima para a produção de enzimas amilase.

Foram identificados cinco fungos celulolíticos. São eles: Aspergillusniger, *A. flavus, Nigrospora sphaerica, Chaetomium globosum, Cladosporium cladosporioides. Penicilium* sp.

Foram identificados quatro fungos espectinolíticos*: Aspergillus niger, A. flavus, Chaetomium globosum e A. japonicus.*

Foram identificados seis fungos solubilizadores de fosfato*: Aspergillus niger, Cladosporium cladosporioides, Aspergillus japonicas, Aspergillus flauvs, Penicillium* sp. *Chaetomium globosum.*

Cerca de dezasseis extractos de plantas preparadas a partir de plantas aromáticas e medicinais foram testados quanto à sua ação contra os fungos do solo isolados de diferentes tipos de solo do distrito de Chittoor, para inibição do crescimento fúngico em placas de meios, das quais cinco plantas - nomeadamente *Cymbopogon citratus, Cymbopogon caesius, Rhynchosia beddomei, Azadirachtaindica* e *Andrographis paniculata* - mostraram atividade antifúngica. Estas plantas são conhecidas por conterem metabolitos secundários como o citral.

Capítulo - 7

REFFERENSES

A B Foth, Henry D. (1984), Fundamentals of soil science, Nova Iorque: Wiley, pp. 151, Verkaik, Eric; Jongkind, Anne G.; Berendse, Frank (2006), "Short-term and long-term effects of tannins on nitrogen mineralization and litter decomposition in kauri (Agathis australis (D. Don) Lindl.) Forests", Plant and Soil 287: 337.

Abawi GS, Widmer TL. 2000. Impacto das práticas de gestão da saúde do solo nos agentes patogénicos do solo, nemátodos e doenças radiculares das culturas hortícolas. *Appl. Soil Ecol.* 15:37-47.

Abdul Baki, Anderson (1973). Determinação do vigor em sementes de soja por critérios múltiplos, *Crop Sci.* 13: 630-633.

Abe J, Bergmann FW, Obata K et al. Produção de amilases digestoras de amido cru de *Aspergillus* sp. *Appl Microbial Biotechnol* 2011; 27: 447-450.

Abe J., Makajoma K., Nagano H. e Hijkeri S., (1988). Produção da amilase digestora de amido cru de *Aspergillus* sp. K-27 Ação sinergética da -amilase. Carbohydrate Res. 75, 85-92.

Abe SSY, Inoue S, Ishibashi H *et al.* Nippon Ishinkin Gakkai Zasshi 2003; 44: 285291.

Abouzied MM, Reddy (1986). Fermentação direta de amido de batata em etanol por coculturas de *Aspergillys niger* e *Saccharomyces cerevisiae.Appl. Environ. Microbiol.* 52: 1055-105.

Abu EA, Ado SA, James DB (2005). Produção de amilase degradativa de amido cru por cultura mista de *Aspergillus niger* e *Saccharomyces cerevisae* cultivada em *bagaço de sorgo*, *Afr. J. Biotechnol.* 4(8): 785- 790.

Abu EA, Ado SA, James DB. Produção de amilase degradativa de amido cru por cultura mista de *Aspergillus niger* e *Saccharomyces cerevisae* cultivada em *bagaço de sorgo*, *Afr. J. Biotechnol* 2005; 4; 785 - 790.

Abu EA, Ado SA, James DB. Produção de amilase degradativa de amido cru por cultura mista de *Aspergillus niger* e *Saccharomyces cerevisae* cultivada em *bagaço de sorgo*, *Afr. J. Biotechnol* 2005; 4; 785 - 790.

Abubakar Sule, Qamar U. Ahmed, Othman A. Samah e Muhammad N. Omar, Actividades bacteriostáticas e bactericidas de extractos *de Andrographis paniculata* em bactérias patogénicas causadoras de doenças da pele Journal of Medicinal Plants Research Vol. 5(1), pp. 7-14, 4 de janeiro de 2011.

Adebiyi,C.A.B. e Akinyaanju J.A., (1998). Produtores de amilase termofílicos do solo. Nig. J. Sci. Technol., 11:30-38.

Adekunle, A.A. e O.A. Oluwo, 2008. O valor nutritivo das sementes e do óleo de cucumis melo var.

agrestis scard (cucurbitaceae) na Nigéria. Am. J. Food Technol, 3: 141-146.

Agarwal M.K., D. N. Shivpuri (1974): Studies on Atmospheric Fungal spores and Pollen grains and their role in allergy.Ind.Chest.Dis.16,(265-258).

Agrawal PB, Nierstrasz VA, Warmoeskerken MMCG (2008). Role of mechanical action in lowtemperature cotton scouring with *F. solani pisi* cutinase and pectate lyase, *Enzyme and Microbial Technology* 42 473-482.

Agrawal PB, Nierstrasz VA, Warmoeskerken MMCG (2008). Role of mechanical action in lowtemperature cotton scouring with F. solani pisi cutinase and pectate lyase, *Enzyme and Microbial Technology* 42 473-482.

Agrawal, G.P., Agrawal,P,.Hasija, S.K.Pande, A.K. e Rajak R. C.1990.Ads. In: Frontiers in Botanical Research National Symposium Punjab University Chandigarh.

Agrios, G. N. 1988. Plant Pathology, Third edition. Academic Press, Inc., San Diego. Alexopoulos, C. J., e C. W. Mims. 1979. *Introductory Mycology*, Terceira edição. John Wiley & Sons, Nova Iorque.

Ahamed, A e P. Vermette. 2008. Estratégias baseadas em culturas para melhorar a enzima celulase

Ahmed, S., A. Jabeen e A. Jamil. 2007. Xylanase from *Trichoderma harzianum*: Enzyme

Ahmed, S., N. Aslam, F. Latif, M.I. Rajoka e A. Jamil. 2005. Clonagem molecular de genes de celulase de *Trichoderma harzianum*. In: Actas do 9º Simpósio Internacional de Química de Produtos Naturais, Frontiers in Natural Product Chemistry. Vol 1, (Eds.): Atta-urRehman, I. Choudhary, M. Khan. pp. 73-75. Bentham Science Publishers Ltd. Países Baixos.

Aiello,C.,Ferrer,A and Ledesma,A.(1996) Effect of alkaline treatments at various temperatures on cellulase and biomass production using submerged sugarcane bagasse fermentation with 4.*Trichoderma reesei* QM 9414. *Biores Technol.* 57, 13-8.

Akpan I, Bankjole MO, Adesermowo AM e Lantunde-Data. Produção de α-amilase por *Aspergillus niger* num meio sólido barato utilizando farelo de arroz e material agrícola. *Trop.sci* 1999; 39; 77-79.

Akpan I, Bankole MO, Adesemowo AM, Latunde-Dada GO (1999b). Produção de amilase por *A. niger* num meio sólido barato utilizando banda de arroz e materiais agrícolas. *Trop. Sci.* 39: 77-79.

Akpan I, Bankole MO, Adesmovo AM et al. Produção de amilase por *Aspergillusniger* num meio sólido barato utilizando farelo de arroz e material agrícola. *Trop Sci* 2009; 39: 77-79.

Alabouvette C, Lemanceau P. 1993. Avanços recentes no controlo biológico das murchas *de Fusarium. Pestic. Sci.* 37:365-73.

Ali, N. M., Hohtar, M., Shaari, K., Rahmanii, M., Ali, A. M. e Jantan, I. 2002. Composição química e actividades antimicrobianas dos óleos essenciais de *Cinnamomum aureofulvum* Gamb. J. Essent. Oil Res. 14: 135-138.

Ali, S., S. Ahmed, M.A. Sheikh, Abu Saeed Hashmi, M.I. Rajoka e A. Jamil. 2009. Produção de lisina por mutante resistente à L-homoserina de Brevibacterium flavum. *J. Chem. Soc. Pak.*, 31: 97-102.

Allcroft, R.C.R.B.; Sargent, K.; O'Kelly, J. A toxic fator in Brazilian groundnut meal. Vet. Rec. 1961, 73, 428.

Alva *et al.*, 581 Raimbault M (1998). Aspectos gerais e microbiológicos da fermentação em estado sólido. Electron. *J. Biotechnol.* 1: 1-20.

Alva S, Anupama J, Salva J, Chiu YY, Vyshali P, Shruthi M, Yogeetha BS, Bhavya D, Purvi J, Ruchi K, Kumudini BS e Varalakshmi KN. Produção e caraterização da enzima amilase fúngica isolada de *Aspergillus* sp. JGI 12 em cultura de estado sólido. *Revista Africana de Biotecnologia* 2007; 6: 576 - 581.

Alviano, W. S., Mendonça-Filho, R. R., Alviano, D. S., Bizzo, H. R., Souto-Padron, T., Rodrigues, M. L., Bolognese, A. M., Alviano, C. S. e Souza, M. M. G. 2005. Atividade antimicrobiana do óleo essencial *de Croton cajucara* Benth rico em linalol sobre biofilmes artificiais e microrganismos planctônicos. Oral Microbiol. Immunol. : 101-105.

Amadioha, A.C., 2002. Atividade fungicida de extractos de folhas de quatro plantas contra fungos patogénicos do arroz na Nigéria. *Archives of Phytopathology and Plant Protection*, 51: 50-61.

Amouri, B e A. Gargouri. 2006. Caracterização de uma nova β-glucosidase de uma *estirpe de Stachybotrys. Biochem. Eng. J.*, 32: 191-197.

Amilases

Ana Carolina Pessoa Moreira; Edeltrudes de Oliveira Lima; PauloAlves Wanderley Egberto Santos Carmo Evandro Leite de Souza *Brazilian Journal of Microbiology* (2010) 41: 28-33.

Ander P, Daniel G, Pettersson B, Westermark V. Possíveis aplicações de enzimas oxidantes de celobiose e outras enzimas de dinucleótidos de flavina na indústria da pasta e do papel. ACS Symp Ser. 1996; 655:297-30.

Aneja KR, Experiments in Microbiology, plant pathology and biotechnology, Fourth edition, New Age International (p). Ltd, publishers, Nova Deli, 2003: 607.

Angelova M, Sheremetska P, Lekov M (1998). Produção melhorada de polimetilgalacturonase de *Aspergillus niger* 26 por imobilização em alginato de cálcio, Process Biochemistry 33 299-305.

Angelova M, Sheremetska P, Lekov M (199).Enhanced polymethylgalacturonase production from *Aspergillus niger* 26 by calcium alginate immobilization, *Process Biochemistry* 33 299-305.

Aniel Kumar O, Mutyala Naidu L e K G Raja Rao.Atividade antibacteriana *in vitro* nos extractos de *Andrographis paniculata* Burm. F International Journal of PharmTech Research, Vol.2, No.2, pp 1383-1385, 2010.

Anupama e Ravindra P, Estudos sobre a produção de proteína unicelular por *Aspergillus niger* em fermentação em estado sólido de farelo de arroz. *Braz. Arc. Biol. Tec* 2001; 44: 7988.

Arun Sasi, Baghyaraj R, Yogananth N, Chanthuru A, Ravikumar M (2008). Produção de amilase em fermentação submersa utilizando *Bacillus* sp, Res. J. Biol. Sci. 1: 50-57.

Asekun, O.T.; Ekundayo, O.; Adeniyi, B.A. (1999). Atividade antimicrobiana do óleo essencial das folhas de *Hyptis suaveolens*. Fitoterapia, 70: 440-442.

Attathom T, Chongrattanameteekul W, Chanpaisang J, Siriyan R (1995). Diversidade morfológica e toxicidade da delta-endotoxina produzida por várias estirpes de *Bacillus thuringiensis*. Bull. *Entomol, Res*. 85: 67-173.

Bailey, M.J. e E. Pessa. 1990. Estirpe e processo de produção de poligalacturonase. *Enzyme & Microbial Technol*, 12: 266-271.

Bailey, M.J., e poutanen, K. (1987) produção de enzima xilanolítica por estirpes sp de *Aspergillus, App Microbiol*. 30, 5-10.

BaisHP,Vepachedu R,Gilroy S,Callaway RM,Vivanco JM. 2003. Allelopathy and exotic plant invasion: from molecules and genes to species interactions. Science 301:137780.

BaisHP,Vepachedu R,Gilroy S,Callaway RM,Vivanco JM. 2003. Allelopathy and exotic plant invasion: from molecules and genes to species interactions. Science 301:137780.

Baker JT, Borris RP, Carte B, Cordell GA, Soejarto DD, Cragg GM, Gupta MP, Iwu MM, Madulid DR e Tyler VE. Natural product drug discovery and development: New perspective on international collaboration. *J. Nat. Prod.* 1995; 58: 13251357.

Bakir, U., Yavascaoglu, S., Guvenc, F e A Ersayin.(2001) Uma endo-β-1,4-xilanase de *Rhizopus oryzae*: produção, purificação parcial e caraterização bioquímica. *Enzyme Microb. Technol;* 29, 328-34.

Bakshi, B.K. e S. Singh (1956).Doença de murchidão de shisham (*Dalbergia sisoo* Roxb): Estudos sobre fungos do solo (excluindo *Aspergillus* e *Penicillium*) isolados de florestas de shisham. *Indian Phytopathology* 9(2): 114-123.

Bakshu, L. Md. e R.R. Venkata Raju Atividade antimicrobiana de *Rhynchosia beddomei Fitoterapia* 72 (2001) 579-582.

Balaji P., Bharath P Satyan RS e Hariharan GN. Atividade antimicrobiana in vitro de extractos de talo de *roccella montagnei. j. trop. Med. Plants*; 2006;7(2):169-173.

Balkan, B. e F. Ertan, 2005. Produção e propriedades da "-amilase de *Penicillium chrysogenum* e sua aplicação na hidrólise do amido. Prep. *Biochem. Biotechnol*, 35: 169-178.

Balkan, B. e F. Ertan, 2005. Produção e propriedades da "-amilase de *Penicillium chrysogenum* e sua aplicação na hidrólise do amido. Prep. Biochem. Biotechnol, 35: 169-178.

Bam area earthquake in SE Iran (M (s)6.6)", Journal of Soils and Sediments 9: 23-2.

Banks W, Greenwood (1975). Starch and its components. Edinberg University Press.

Bara, M.T.F., A.L. Lima e C.J. Ulhoa. 2003. Purificação e caraterização de uma exo- β-1,3-glucanase produzida por *Trichoderma asperellum. FEMS Microbiol. Lett.*, 219: 81-85.

Barbesgaard P, Heldt-hansen HP, Diderichsen B (1992). Mini-revista. Sobre a segurança de *Asperigilus oryzae. Appl Mcirobiol Biotechnol.* 36: 569-572.

Bargett, R. D., e A. Shine 1999. Ligações entre a diversidade de folhada vegetal, a biomassa microbiana do solo e a função do ecossistema em prados temperados. Soil Biology and Biochemistry 31:317-321.

Baudoin E, Benizri E, Guckert A. 2002. Impacto do estádio de crescimento na estrutura da comunidade bacteriana ao longo das raízes do milho, determinado por impressões digitais metabólicas e genéticas. *Appl. Soil Ecol.* 19:135- 45.

Beena K R; Ananda K; Sridhar K R (2000). Fungal endophytes of three sand dune plant species of west coast of India. Sydowia, **52**: 1-9.

Bergman FW, Abe J, Hizukurji S (1988). Seleção de microrganismos que produzem amilase degradativa de amido cru. *Microbiologia Aplicada. Biotechnol.* 27: 443-446.

Bergmann FW, Abe J, Hizukuri S (1988). Seleção de microrganismos que produzem amilases degradativas de amido cru. *Appl. Microbiol. Biotechnol.* 27: 443-446.

Bergmann FW, Abe J, Hizukuri S. Seleção de microrganismos que produzem amilases degradativas de amido cru. *Appl. Microbiol. Biotechnol.* 1998; 287: 443-446.

Bergquist P, Te'o V, Gibbs M, Enzimas de Branqueamento Recombinantes de Termófilos Expressas em Hospedeiros Fúngicos. In: Mansfield SD, Saddler JN, editores. Applications of Enzymes to Lignocellulosics; *Amer. Chem. Soc.* Symposium Series, 855; 2003. pp. 435-445.

Bernfeld P (1955). Amylase, a& b. *Methods Enzymol.* 1:149-1589.

Bhat M, Bhat S (1997). Enzimas de degradação da celulose e potenciais aplicações industriais. *Biotechnol, Adv.*, 15: 583-620.

Bhowmik Debjit, Kumar KP, Pankaj T, Chiranjib B. Traditional herbal medicines: An overview. *Archieves of Appl. Sci. Res.*, 2009; 1(2): 165-177.

Bilinski e Stewart. Production and characterization of α-amylase from *Aspergillus niger*, 1995; 18: 551-556.

Birch GG, Schallenberger RS(1973). Configuration, conformation and the properties of food sugars. Em Molecular structure and function of food carbohydrate. Birch G.G e Green LF (ed). London. *Applied Science*. pp. 9-20.

Birkeland, Peter W. Soils and Geomorphology, 3ª Edição. Nova Iorque: Oxford University Press, 1999.

Bishop, C. D. e Thornton, I. B. 1997. Avaliação da atividade antifúngica dos óleos essenciais de

Monarda citriodora var. citriodora e *Melaleuca alternifolia* em agentes patogénicos pós-colheita. J. Essent. Oil Res. : 77-82.

Biswas, K., I. Chattopadhyay e R.K. Banerjee, 2002. Actividades biológicas e propriedades medicinais do neem *(Azadirachta indica)* Bandopadhyay, U., Curr Sci., 82: 13361345.

Bligh, E. G., e W. J. Dwyer. 1959. Um método rápido de extração e purificação de lípidos totais. *Canadian Journal of Biochemistry and Physiology* 37:911-917.

Boidin, A. e Effront, J. 1917 Bacterial enzymes. Patentes dos E.U.A. 1,227,374 e 1,227,525.

Borse B.D., 2006.Aquatic fungi from North Maharashtra.IV:J.Ads.Sci. and Tech.9:91.

Borse.B.D. e Patil R. S. 2007. Fungos aquáticos do Norte de Maharashtra-I Bioinfolet 4:101.

Bowles, L.L. Enzimas amilolíticas. Food Sci. Technol., 5,105-129 1996.

Boyce, C.O L. Novo's Handbook of practical biotechnology. Novo Industry A/S, Bagsvaerd, Dinamarca, 1986.

Boyd, C.E.1995. Solo de fundo, sedimento e aquacultura em lagos. Chapman Hill Publ.Pp.1- 9.

Buol, S. W.; Hole, F. D. e McCracken, R. J. (1973), Soil Genesis and Classification (Primeira ed.), Ames, IA: Iowa State University Press, ISBN 0-8138-1460-X.

Buol, S.W. (1990), Soil genesis and classification, Ames, Iowe: Iowa State University Press, pp. 36.

Buonocore V, Caporale C, De Rosa M, Gambacorta A (1976). A amilase termoacidofílica estável e induzível de *Bacillus acidocaldarius*. *J. Bacteriol*. 128: 515-521.

Buzzini e Martini. Perfis de atividade enzimática extracelular em leveduras e estirpes semelhantes a leveduras isoladas de ambientes tropicais. *Journal of Applied microbiology*. 2002; 93: 1020-1025.

Caldeira, M. C., R. J. Ryel, J. H. Lawton, e J. S. Periera.2001. Mechanisms of positive biodiversity-production relationships: insights provided by d13C analysis in experimental Mediterranean grassland plots. *Ecology Letters 4*:439-443.

Canel e Moo Young. Produção de α-amilase com *Aspergillus oryzae* em grão de cerveja usado por fermentação de substrato sólido. *Applied Biochemistry and Biotechnology*. 1980; 102: 453-461.

Carolina B, Ana D, Ignacio de O, Colin W, Ana B (2006). Produção de xilanase e pectinase por *Aspergillus awamori* em bagaço de uva em fermentação em estado sólido, *Process Biochemistry* 42 98-101.

Carrizales V, Jaffe W (1986) Solid State fermentation an appropriate biotechnology for developing countries. Interscience, 11: 9-15.

Carson, C. F . e Riley, T. V. 1995. Atividade antimicrobiana dos principais componentes do óleo essencial de *Melaleuca alternifolia*. J. Appl. Bacteriol. : 264-269

Chandra, A.K. (1983) Purificação e caraterização da a-amilase de *Bacillus licheniformis* CUMC 305.

Appl Environ Microbiol 46, 430-437.

caraterização e isolamento de genes. *Jour. Chem. Soc. Pak.*, 29: 176-182.

Chattopadhyay, R.R., R.N. Chattopadhyay e S.K. Maitra, 1993. Possível mecanismo de atividade anti-inflamatória do extrato de folha de Azadirachta indica. *Indian J. Pharm.,* 25: 99-100.

Chaudhary G, Sandeep G, Priyanka P. *Lawsonia inermis* Linn. Uma revisão fitofarmacológica. *Intl. J. Pharmaceutical Sci. DrugRes.*, 2010; 2(2): 91-98.

Chaurasia SC, Jain PC. Atividade antibacteriana de óleos essenciais de quatro plantas medicinais. *Indian J Hosp Pharm.* 1978; 166-68.

Chen, J.C. 1998. Novo método de seleção de microrganismos extracelulares produtores de fitase. *Biotech. Tech.* 12: 759-761.

Chesworth, Editado por Ward (2008), Encyclopedia of soil science, Dordrecht, Netherland: Springer, xxiv, ISBN 1-4020-3994-8

Chopra, R.N., I.C. Chopra, K.L. Handa e L.D. Kapur, 1958. In: Medicinal Plants in diabetes in indegenous drugs of india, Gupta, P. (ed), 2nd ed., pp. 314-319, Calcutá, Índia: 314-319, Calcutá, Índia,

Christov, L.P., Sazkacs, G., e Balakrishnan, H. (1999) Produção, caraterização parcial e utilização de xilanases livres de celulase fúngica no branqueamento de polpa, Process Biochem, 34, 511 - 517.

Cooke, R. C, e A. D. M. Rayner. 1984. Ecology of Saprothrophic Fungi. Longman Inc., Nova Iorque.

Cookson, P. 2002. Variação da atividade da fosfatase no solo: Um estudo de caso. *Agric. Sci.* 7: 65-72.

Coony, D.S.G. e Emerson, R.1964. Thermophilic fungi: An Account of biology, activities and classification (ed.Freeman, W.H.) San Francisco, Californiz, Pp.188.

Copley, Jon (25 de agosto de 2005). "Milhões de espécies de bactérias reveladas sob os pés". New Scientist. http://www.newscientist.com/article/dn7904.Receveved 19 de abril de 2010

Corentin H, Richard OC, Elodie G, Vincent S, Marie-Therese ET, Bernard D (2004). Produção de uma endopoligalacturonase associada à parede celular por *Colletotrichum lindemuthianum* N e degradação da pectina durante a infeção do feijão, Fungal. Genetics and Biology 41 140-147.

Corentin H, Richard OC, Elodie G, Vincent S, Marie-Therese ET, Bernard D (2003). Produção de uma endopoligalacturonase associada à parede celular por *Colletotrichum* lindemuthianum N e degradação da pectina durante a infeção do feijão, Fungal. Genetics and Biology 41 140-147.

Costa J. Estudo da produca de amiloglucosidase por *Aspergillus niger* NRRI.3122 em fermentacao, semi-solida de FArelo de Arroz. Tese (Doutorado em Engenharia de Alimentos), Unicamp, São Paulo, 1996; 203.

Cox, PM., Betts, RA., Jones, CD., Spall, SA e Totterdell, U., 2000. Acelaração do aquecimento global devido ao feedback do ciclo do carbono num modelo climático acoplado. *Nature.* 408:184-187.

Cragg GM e Newman DJ. Medicinals for the millennia. Ann.NY Acad Sci.2001; 953: 325.

Cromack, J., K., e B. A. Caldwell. 1992. O papel dos fungos na decomposição da folhada e no ciclo de nutrientes. Páginas 653-668 em G. C. Carroll e D. T. Wicklow, editores. *The Fungal Community*. Marcel Dekker, Inc., Nova Iorque.

Crueger W e Crueger A. Enzimas. Em Bio-Technology. A Text book of Industrial Microbiology, 1984, pp.161-186.

Dalby DK. Prescott and Dunn's Industrial microbiology. 4th ed.CBS Publishers and distributors;1999:48-50.

Dan (2000), Ecology and management of forest soils, Nova Iorque: John Wiley, pp. 88-92.

Dan, S., I. Marton, M. Dekel, B.A. Bravdo, S. He, S.G. Withers e O. Shoseyov. 2000. Clonagem, expressão, caraterização e identificação nucleófila da família 3, *Aspergillus niger β-glucosidase*. *J. Biol. Chem.*, 275(7): 4973-4980.

Dangar et al 50 Das J, Dangar TK (2007b). Dinâmica da população microbiana, especialmente *Bacillus thuringiensis* tolerante ao stress, em solos de arrozais parcialmente anaeróbicos durante o período pós-colheita nos Himalaias, ilhas, águas salobras e habitats costeiros da Índia. World J. Microbiol. Biotechnol. DOI 10.1007/s11274-007-9620-3.

Das J, Dangar TK (2007a). Diversidade de *Bacillus thuringiensis* nos solos de arrozais de diferentes ecologias na Índia. *Ind. J. Microbiol.* 47: 364- 368.

David JJ, Brian W (1992).Um estudo imunológico da indução de poligalacturonases em *Botrytis cinerea*, FEMS *Microbiology Letters* 9719-23.

David JJ, Brian W (1992).Um estudo imunológico da indução de poligalacturonases em *Botrytis cinerea*, FEMS *Microbiology Letters* 9719-23.

de Barjac H, Frachon E (1990). Classificação das estirpes *de Bacillus thuringiensis*. Entomophaga, 35: 233-240.

de Billerbeck, V. G., Roques, C. G., Bessiere, J. M., Fonvieille, J. L., e Dargent, R. Efeitos do óleo essencial *de Cymbopogon nardus* (L.) W. Watson no crescimento e morfogénese de *Aspergillus niger.Can J Microbiol* 2001;47(1):9-17.

De Deyn, G. B. e W. H. Van der Putten (2005). "Linking aboveground and belowground diversity." *Trends In Ecology & Evolution* 20(11): 625-633.

De Deyn, Gerlinde B.; Van der Putten Wim H. (2005), "Linking aboveground and belowground diversity", Trends in Ecology & Evolution 20 (11): 625-633.

De Leij FAAM, Lynch JM. 1993. A utilização do desenvolvimento de colónias para a caraterização de comunidades bacterianas no solo e nas raízes. *FEMS Microbiol. Ecol.* 27:81- 97

De Leij FAAM, Lynch JM. 1993. A utilização do desenvolvimento de colónias para a caraterização de comunidades bacterianas no solo e nas raízes. FEMS *Microbiol. Ecol.* 27:81- 97

De Leij FAAM, Sutton SJ, Whipps JM, Fenlon JS, Lynch JM. 1995. Impacto da libertação no terreno de *Pseudomonas fluorescens* geneticamente modificada na população microbiana indígena do trigo. *Appl. Environ. Microbiol.* 61:3443-53

De Leij FAAM, Sutton SJ, Whipps JM, Fenlon JS, Lynch JM. 1995. Impacto da libertação no campo de Pseudomonas fluorescens geneticamente modificada na população microbiana indígena do trigo. *Appl. Envi- ron. Microbiol.* 61:3443-53

De Moraes, L.M.P., Astolfi-Filho, S. e Ulhao, C.J. (1999) Purificação e algumas propriedades de uma proteína de fusão a-amilase glucoamilase de *Saccharomyces cerevisiae. World J Microbiol Biotechnol* 15, 561-564.

De nis S, Kivia T, Eduardo da SM, Roberto DS, Eleni G (2005). Produção de pectinase por fermentação em estado sólido com *Penicillium viridicatum* RFC3, Process Biochemistry 40 2885-2889.

Deacon, J. W. 1997. Modern Mycology. Blackwell Science, Oxford. Dix, N. J., e J. Webster. 1995. *Fungal Ecology*. Chapman & Hall, Londres

Delaquis, P. J., Stanich, K., Girard, B. e Mazza, G. 2002. Atividade antimicrobiana de fracções individuais e mistas de óleos essenciais de endro, coentro, *coentro* e *eucalipto*. Int. J. Food Microbiol: 101-109.

Denis S, Kivia T, Eduardo da SM, Roberto DS, Eleni G (2005). Produção de pectinase por fermentação em estado sólido com *Penicillium viridicatum* RFC3, *Process Biochemistry* 40 2885-2889.

Devakumar, C. e SukhDev., 1996. Em Neem (eds Randhawa e Parmar, B. S.), 2nd edn, pp: 77-110.

Desenvolvimento e Bem-Estar Humano, Procedimentos da Conferência Nacional pp.191-195.

Dick, R.P. 1997. Actividades enzimáticas do solo como indicadores integrativos da saúde do solo. p.121156. In; Pankhurst, B,M, Doube e Gupta, V.V.S.R. (ed.). Biological Indicators of soil health (Indicadores biológicos da saúde do solo). CAB International.

Diplock, EE; Mardlin DP, Killham KS, Paton GI (2009), "Predicting bioremediation of hydrocarbons: laboratory to field scale", Environmental Pollution 157 (6): 1831-1840

Djordjevic, S., D. Djukic, M. Govedarica, N. Milosevic, e M. Jarak. 2003. Efeitos das propriedades químicas e físicas do solo na atividade da fosfomonoesterase. Ata Agriculturae Serbica, Vol. VIII, 16 : 3 - 10.

Dobranic, J, K., e J, C, Zak, 1999, A microtiter plate procedure for evaluating fungalfunctional diversity. *Mycologia* 91:756-765.

Dobranic. J. K. 2001. Padrões temporais e espaciais da diversidade de fungos ao longo de um gradiente de elevação num ecossistema árido. Dissertação. Universidade Técnica do Texas, Lubbock, Texas.

Domingues, C.M. e Peralta, R.M. (1993) Produção de amilase por fungos do solo e caraterização bioquímica parcial da amilase de uma estirpe selecionada *de Aspergillus fumigatus* Fresenius. *Can. J. Microbiol.* **39**, 681-685.

Domsch, K.W., W. Gams e T.H. Anderson, 1980. Compendium of Soil Fungi. 1ª Edn., Academic Press, Londres, ISBN-10: 0122204018, pp: 22-23.

Dooley, Alan (junho de 2006). "Sandboils 101: Corps tem experiência em lidar com o perigo comum de inundação". Atualização do Engenheiro. Corpo de Engenheiros do Exército dos EUA. Arquivado do original em 2008-04-18.

Doran JW, Sarrantonio M, Liebig MA. 1996. Saúde do solo e sustentabilidade. Adv. Agron. 56:2-54

Doran JW, Sarrantonio M, Liebig MA. 1996. Saúde do solo e sustentabilidade. Adv. Agron. 56:2-54

Drainage Manual: A Guide to Integrating Plant, Soil, and Water Relationships for Drainage of Irrigated Lands, Departamento do Interior, Bureau of Reclamation, 1993, 061623-9

Duarte, M. C., Leme, E. E., Delarmelina, C., Soares, A. A., Figueira, G. M., and Sartoratto, A. Activity of essential oils from Brazilian medicinal plants on *Escherichia coli. J Ethnopharmacol12-3-2006*;

Duineveld BM, Kowalchuk GA, KeijzerWolters A, van Elsas JD, van Veen JA. 2001. Análise das comunidades bacterianas na rizosfera do crisântemo através da eletroforese em gel de gradiente desnaturante do rRNA 16S amplificado por PCR, bem como de fragmentos de ADN que codificam o rRNA 16S. *Appl. Environ. Microbiol.* 67:172-78

Dunbar J, Takala S, Barns SM, Davis JA, Kuske CR. 1999. Nível de diversidade da comunidade bacteriana em quatro solos áridos comparados por cultivo e clonagem do gene 16S rRNA. *Appl. Environ. Microbiol.* 65:1662-69

El Kamali, H. H., Hamza, M. A., e El Amir, M. Y. Atividade antibacteriana do óleo essencial da inflorescência *de Cymbopogon nervatus*. Fitoterapia 2005;76(5):446-449.

El-Kabouss, A., Charrouf, Z., Faid, M., Garneau, F. e Collin, G. 2002. Composição química e atividade antimicrobiana do óleo essencial da folha de *Argania spinosa* L. Skeels. J. Essent. Oil Res. 14: 147-149.

El-Kady, I. A., El-Maraghy, S. S. M. e Mostafa, E. M. 1993. Actividades antibacterianas e antidermatófitas de alguns óleos essenciais de especiarias. Qatar Univ. Sci. J. : 63-69.

Ely Nahas, Mirela, Waldermarin. Controlo da produção de uma milase e caraterísticas de crescimento de *Aspergillus ochraceus*. 2002; 44: 4-10. *Eng. J.*, 40: 399-407.

Evans CE, Banso A e Samuel OA. Eficácia de algumas plantas medicinais nupe contra *Salmonella typhi* um estudo in vitro. *Journal of Ethnopharmacology* 2002; 80: 21-24.

Ezekiel, C.N., Nwagburuka, C.C., Anokwuru, C.P., Adesioye, F.A., Olaoye, O.O. & Okonkwo, N.C. 2009. Fungal diversity and antagonistic interactions Gilman, J.C. 1971. *A Manual of Soil Fungi*, 2ª ed.

Iowa: Iowa State College Press. 450pp.

Ezekiel, C.N., Nwagburuka, C.C., Anokwuru, C.P., Adesioye, F.A., Olaoye, O.O. &konkwo, N.C. 2009. Diversidade fúngica e interação antagónica de Stachybotrys chartarum em solos da Universidade de Babcock. actaSATECH, 3(1): 90-97.

Fadel, M., 2000. Produção de enzimas amilolíticas termoestáveis por *Aspergillus niger* F-909 em fermentação em estado sólido. *Egyptian J. Microbiol*, 35: 487-505.

Feitelson JS (1993). A árvore genealógica de *Bacillus thuringiensis*. In: ed. Kim L, Marcel Dekker, Inc., NY, Adv. Eng. pesticides, EUA, pp. 63-71.

Fierer, N. (2001), "Influence of balsam poplar tannin fractions on carbon and nitrogen dynamics in Alaskan taiga floodplain soils", Soil Biology and Biochemistry 33 (12-13): 1827.

Findenegg, G.R. e J.A. Neiemans, 1993. The effect of phytase on the availability of P from myo-inositol hexaphosphate (phytate) for maize roots. *Plant and Soil*, 154: 189196.

Fisher EH, Stein EA. (1960). a-Amylase, In: The Enzyme. 2 nd de. Academic Press Inc. Nova Iorque. pp. 313-143.

Fitriatin, B.N., T. Subroto, e B. Joy. 2008. A Influência do Substrato de Fósforo Orgânico na Atividade da Fosfatase dos Micróbios do Solo. Seminário Internacional de Química. 30-31 de outubro, Indonésia. George..,

Flanagan, P. W. 1981. Taxa de fungos, grupos fisiológicos e biomassa, uma comparação entre ecossistemas. Pages 569-592 in D. T. Wicklow and G. C. Carrol, editors.The fungal community, its organization and role in the ecosystem. Marcel Dekker, Nova Iorque.

Flexner JL, Belnavis DL (2000). Controlo biológico e biotecnológico das pragas de insectos. In: Microbial Insecticides Rechicigl JE, Rechicigl NA(eds). Lewis Publishers, NY, EUA, pp. 35-60.

Fogarty W.M. (1983). Amilases microbianas. In: Microbial Enzymes and Biotechnology (Ed. W.M. Fogarty) pp. 1-92. Applied Science Publishers, Londres, Reino Unido.Bernfed PC (1951). Enzimas de degradação e síntese de amido. Adv. Enzymol. 12: 379-481.

Fogarty WM e Kelly CT. Amylase, amyloglucosidase and related glucanases. In; Microbial enzymes and bioconversions, Rose, A.H (Ed). Academic Press, Londres. 1980; 115-170.

Forgacs, J.; Carll, W.T. Mycotoxicoses. Adv. Vet. Sci. 1962, 7, 273-382.

Forgarty WM e Kelly CT. Enzimas de degradação do amido de origem microbiana. In: Bull AH (ed). Progress in industrial microbiology, Elsevier, Amesterdão, 1979; 15: 87-150.

Freer, S.N. (1993) Purificação e caraterização da a-amilase extracelular de *Streptococcus* sp. JB 1. *Appl Environ Microbiol* 59, 1398-1402.

Friedman, M., Henika, P. R., and Mandrell, R. E. Bactericidal activities of plant essential oils and some of their isolated constituents against *Campylobacter jejuni*, *Escherichia coli,Listeria monocytogenes,* and *Salmonella enterica*. *J Food Prot* 2002;65(10):1545-1560.

Friedman, M., Henika, P. R., Levin, C. E., and Mandrell, R. E. Antibacterial activities of plant essential oils and their components against *Escherichia coli* O157:H7 and *Salmonella enterica* in apple juice.*J Agric Food Chem* 9-22-2004;52(19):6042-6048.

Friendrich J, Cimerman A, Perdih A (1987). Cultura mista de *Aspergillus awamori* e *Trechoderna reesi* para bioconversão de resíduos de destilaria de maçã. *Appl.Microbiol. Biotechnol.* 26: 299-305.

Fujiwara, T., E. Sugishita, T. Takeda, Y. Ogihara,mM. Shimizu, T. Nomura e Y. Tomita, 1984. Estudos adicionais sobre a estrutura dos polissacáridos da casca de *Melia azadirachta.* Chem. Pharm. Bull, 32: 1385-139.

G. A. He lal *et al.,* (2006) *Mycobiology* 34(4): 219-229 (2006)

G.L. Pachkore D.A. Dhale , and A. N. Dharasurkar Antimicrobial and phytochemical screening of *Hyptis suaveolens* (L.Poit) Lamiaceae International Multidisciplinary Research Journal 2011, 1/4:01-03

Galiah K. e Manoharachary C. 1987. Estudos sobre fungos conidiais de um riacho de Andhra Pradesh. Indian Phytopath. 40:466.

Gandhiraja N, Sriram, Meena V, Kavitha C, Sasikumar C, Rajeswari R. Rastreio fitoquímico e atividade antimicrobiana dos extractos de plantas de *Mimosa pudica* L contra os micróbios selecionados. Folhetos etanobotânicos, 2009; 13: 618-624.

Gangawane, L.V. e K.B. Deshpande (1972). Microbial ecology in some forest soils of Marathwada - I, Rhizosphere microfungi of some common trees of Ajanta hills. *Marathwada University Journal of Science* B 11: 1-4.

Garbeva P, van Veen JA, van El- sas JD. 2004. Avaliação da diversidade e antagonismo em relação a Rhi- zoctonia solani AG3, de espécies de *Pseudomonas* em solos de diferentes regimes agrícolas. FEMS *Microbiol. Ecol.* 47:51- 64

Garbeva P, van Veen JA, van Elsas JD. 2003. *Bacillus* spp. predominantes em solos agrícolas sob diferentes regimes de gestão detectados por PCR-DGGE. *Microb. Ecol.* 45:302-16

Garbeva P, van Veen JA, van Elsas JD. 2004. Avaliação da diversidade e do antagonismo em relação a *Rhizoctonia solani* AG3, de espécies de *Pseudomonas* em solos de diferentes regimes agrícolas. *FEMS Microbiol. Ecol.* 47:51- 64

Garcia R, Garcia Garrido JM, Ocampo JA (1991). Enzimas pectolíticas no fungo micorrízico vesicular-arbuscular *Glomus mosseae*, FEMS *Microbiology Letters*,78343-346.

Garcia R, Garcia Garrido JM, Ocampo JA (1991). Enzimas pectolíticas no fungo micorrízico vesicular-arbuscular *Glomus mosseae*, FEMS *Microbiology Letters*,78343-346.

Garland JL. 1996. Padrões de utilização de fontes potenciais de C por comunidades da rizosfera. Soil

Biol. *Biochem.* 28:223-30

Garland JL. 1996. Padrões de utilização de fontes potenciais de C pelas comunidades da rizosfera. *Soil Biol. Biochem.* 28:223-30

Gautam S.P.Bundela P.S. Pandey A.K , Jamaluddin, Awasthi M.K, Sarsaiya S. Otimização do meio para a produção de celulase pelo *Trichoderma virideusing* submerged fermentation.*International journal of environmental sciences* Volume 1, No4, 20 10

Gehron, M. J., e D. C. White. 1983. Sensitive assay of phospholipid glycerol in environmental samples. *Journal of Microbiological Methods* 1:23-32.

Gelsomino A, Keijzer-Wolters A, Cacco G, van Elsas JD. 1999. Assessment of bacterial community structure in soil by polymerase chain reaction and denaturinggradient gel electrophoresis. *J. Microbiol. Methods* 38:1-15

Germida JJ, Siciliano SD, Freitas JR, Seib AM. 1998. Diversidade de bactérias associadas a raízes de canola (*Brassica napus* L.) e trigo (*Triticum aestivum* L.) cultivadas em campo. *FEMS Microbiol. Ecol.* 26:43-50

Ghahfarokhi MS, Fazal A, Lotfi A, Abyaneh MR. Produção de celobiose desidrogenase pelo género *cladosporium*. Iran Biomed J. 2004;8(2):107-111.

Gillespie A,Cook K, Coughlan MP (1990).Caracterização de uma endopoligalacturonase produzida por culturas em estado sólido do fungo aeróbio *Penicilliumcapsulatum*, *Journal of Biotechnology* 13 279-292.

Gillespie A,Cook K, Coughlan MP (1990).Caracterização de uma endopoligalacturonase produzida por culturas em estado sólido do fungo aeróbio Penicillium capsulatum, *Journal of Biotechnology* 13 279-292.

Gill-stores, Tasar-Cepeda, B. Turner e A. Oberson. 2001. Revisão de conceitos e descrição de processos sobre mecanismos biológicos. McLaughlin, MJ., T.G. Baker, T.R. James, e J.A. Rundle, 1990. Distribuição e formas de fósforo e alumunium em solos ácidos sob pastagens no sudeste da Austrália. *Australian Journal of Soil Reasearch* 28 : 371-385.

Gilman, J.L.1967. A manual of soil fungi. IBH Publ.,Co Calcxutta. Pp.97.

Gislene G. F. Nascimento, Juliana Locatelli, Paulo C. Freitas, e Giuliana L. Silva, Antibacterial activity of plant extracts and phytochemicals on antibioticresistant *bacteria*, *Brazilian Journal of Microbiology*, 31:247-256, 2000.

Goodfellow M, Lacey J, Todd C (1987) Numerical classification of thermophilic streptomycetes. Jornal de Microbiologia Geral 133, 3135 e 3149

Goodfellow, M. e Simpson, K. E. (1987). Ecologia dos estreptomicetos. Frontiers in Applied Microbiology 2:97-125.

Goodfellow, M. e Williams, S. T. (1983). Ecologia dos actinomicetos. *Ann. Rev. Microbiol.* 37: 189-216.

Got CE, Barbosa EP, Kistner LCI, GAndra RF, Arrias VL e Peralta RM. Produção de amilase por *Aspergillus fumigatus*. *Revista de Microbiologia*, 1998; 28: 99103.

Gottlieb D, 1973. Considerações gerais e implicações dos actinomicetos. In: Sykes, D e F.A.Skinner (eds), Actinomycetales: Characteristics and Practical Importance, Academic Press, p.1-10, Nova Iorque.

Gove Hambidge, "Climate and Man-A Summary", em Erwin Raisz, Departamento de Agricultura dos EUA, Climate And Man, Part One, Yearbook of Agriculture 1941, Repr. Honolulu: University Press of the Pacific, 2004, ISBN 978-1-4102-1538-3, pp. 1-66, p. 27.

Gowda, N. K. S., Malathi, R. U. e Suganthi, R. U. 2004. Efeito de alguns compostos químicos e herbais no crescimento de *Aspergillus parasiticus* e na produção de aflatoxina. Animal Feed Sci. Tech. 116: 281-291.

Grayston SJ, Wang S, Campbell CD, Ed- wards AC. 1998. Influência selectiva das espécies vegetais na diversidade microbiana da rizosfera. *Soil Biol. Biochem.* 30:369-78.

Greenland, D. 1987. The climates of the long-term ecological research sites, Occasional Paper Number 44, Institute of Arctic and Alpine Research, University of Colorado, Boulder, Colorado, USA.

Griffin PJ , Fogarty W M (1973).Observação preliminar do sistema de degradação de amido elaborado por *Bacillus polymyxa*. *Biochem. Soc.* Trans.1 : 397-400

Griffiths, B.S., Ritz, K., Bardgett, R.D., Cook, R., Christensen, S., Ekelund, F. *et al.* 2000. Resposta do ecossistema das comunidades de solo de pastagem às reduções da diversidade microbiana induzidas pela fumigação: um exame da relação biodiversidade-função do ecossistema. Oikos, 90, 279-294.

Guneet K, Sanjeev K, Satyanarayana T (2004). Produção, caraterização e aplicação de uma poligalacturonase termoestável de um bolor termofílico Sporotrichum thermophile Apinis, *Bioresource Technology* 94 239-243.

Guneet K, Sanjeev K, Satyanarayana T (2004). Produção, caraterização e aplicação de uma poligalacturonase termoestável de um bolor termofílico *Sporotrichum thermophile Apinis, Bioresource Technology 94 239-243.*

Gupta A, Gupta VK, Modi DR, YAdava LP. Produção e caraterização de α- amilase de *Aspergillus niger*. *Biotecnologia* 2008; 7: 551-556.

Gupta A., Gupta V. K., Modi D. R. e Yadav L. P., (2008). Produção -amilase de *AspergillusNiger*. Biotecnologia 7 (3),o,Charaterização de 551-556.

Gupta JK, Soni SK. Industrial applications of enzymes. J Pb Acad Sci. 2000;2:241- 245.

Gupta, R., Paresh, G., Mohapatra, H., Goswami, V.K. e Chauhan, B. (2003) Microbial a-amylases: a biotechnological perspective. *Process Biochem* 38, 1599-1616.

Guzinska, K.,Ciechanska, D., Wawro, D e H Struszczyk.(2003) Investigação do processo de modificação da pasta de celulose com a utilização de enzimas celulolíticas da estirpe *Aspergillus wentii* LOCK 0459. Fibras e Têxteis na Europa de Leste; 11, 48-52.

H.B. Milford, A.J.E. McGaw e K.J. Nixon, Soil Data Entry Handbook for the NSW Soil and Land Information System (SALIS), 3ª ed., New South Wales Department of Land and Water Conservation Resource Information Systems Group, Parramatta, 2001, pdf pp. 30-32.

Hagedorn, C. (1976). Influências da acidez do solo nas populações de *Streptomyces* que habitam os solos florestais. *Appl Environ Microbiol* 32,368-375.

Hallmann J, Rodriguez-Kabana R, Kloepper JW. 1999. Chitin-mediated changes in bacterial communities of soil, rhizosphere and roots of cotton in relation to nematode control. Soil Biol. *Biochem* 31:551-60

Hamby, M.K., e D.L. Crawford. 2000. The enhancement of plant growth by selected *Streptomyces* species. Sociedade Americana de Microbiologia, 100ª Reunião Geral, Los Angeles, CA. Resumos: 567.

Harris GH, Hesterman OB, Paul EA, Peters SE, Janke RR. 1994. Destino do nitrogênio-15 de leguminosas e fertilizantes em um experimento de sistema de cultivo de longo prazo. *Agron. J.* 86:910-15

Harrison NG, Allan JD, Colwell RK, Fu-tuyma DJ, Howell J, et al. 1968. The relationship between species diversity and stability: an experimental approach with protozoa and bacteria. *Ecology* 1091-101.

Hart, S. C., J. M. Stark, E. A. Davidson e M. K. Firestone. 1994. Nitrogen mineralization, immobilization, and nitri-fication. Pages 985-1018 in R. W. Weaver, S. Angel, P.Bettomley, D. Bezdicek, S. Smith, A. Tabatabai, and A.Wollum, editors. Methods of Soil Analysis. Parte 2: Propriedades microbiológicas e bioquímicas. Soil Science Society of America, Madison, Wisconsin, EUA.

Haseltine, C., M. Rolfsmeier e P. Blum, 1996. O efeito da glucose e a regulação da síntese de a-amilase na arqueia hipertermofílica *Sulfolobus solfataricus*. *J. Bacteriol*, 178: 945-950.

Haselwandter K (2008). Estrutura e função dos sideróforos produzidos por fungos micorrízicos. Mineral. Mag.72: 61-64.

Haska, R. e Y. Ohta, 1994. Starch/Starke, 46: 480-485.

Hattori F (1984). Patente japonesa n.º 1203977, Japan Kokai Tóquio. Koho. 51-44652.

Hayashida S, Teamoto Y, Inove T. Production and characteristics of raw potato Starch digesting amylase from *Bacillus subtilis*. 65. *Appl. Environ. Microbiol.* 1998; 54: 1516-1522.

Hayashida S, Teramoto Y, Inove T (1988) Produção e caraterísticas da a-amilase digestora de amido de batata crua de *Bacillus subtilis* 65. *Appl. Environ. Microbiol.* 54:1516-1522.

Hayes, J.E., A.E. Richardson e R.J. Simpson, 1999. Phytase and acid phosphatase activities in extracts from roots of temperate pasture grass and legume species. *Australian J. Plant Physiol*, 26: 801-809.

Hector, A., et al. 1999. Experiências de diversidade vegetal e produtividade em prados europeus. Ciência 286:1123-1127.

Heilmann B, Lebuhn M, Beese F. 1995. Métodos de investigação da atividade metabólica e mudanças na comunidade microbiana no solo tratado com um fungicida. *Biol. Fertil. Soils* 19:186-9226.

Helal, G. A., Sarhan, M. M., Abu Shahla, A. N., e Abou El-Khair, E. K. Efeitos do óleo essencial *de Cymbopogon citratus* L. no crescimento, conteúdo lipídico e morfogénese da estirpe ML2 de *Aspergillus niger*. *J Basic Microbiol* 2006;46(6):456-469.

Hernandez MS, Marilu RR, Nelson PG e Renato PR. Produção de amilase por *Aspergillus niger* em cultivo submerso em dois resíduos de indústrias alimentícias. *J. Food Eng*. 2006; 73: 93-100.

Hirsch AM, BauerWD, BirdDM, Cullimore J, Tyler B, Yoder JI. 2003.Molecular signals and receptors: controlling rhizosphere interactions between plants and other organisms. Ecologia 84:858-68

Hirsch AM, BauerWD, BirdDM, Cullimore J, Tyler B, Yoder JI. 2003.Molecular signals and receptors: controlling rhizosphere interactions between plants and other organisms. Ecology 84:858-68.

Hongchen Jiang, Hailiang Dong, Gengxin Zhang e Matthew W. Fields,Bingsong Yu, Leah R. Chapman, Microbial Diversity in Water and Sediment, *Applied and Environmental Microbiology,* junho de 2006, p. 3832-3845 Vol. 72, No. 6

Hooper, D. U., e P. M. Vitousek. 1998. Efeitos da composição e diversidade de plantas no ciclo de nutrientes. *Ecological Monographs* 68:121-149.

Hosamani P A, Lakshman H C, Sandeepkumar K e Rashmi C Hosamani Atividade antimicrobiana do extrato de folha de *Andrographis paniculata* Wall Science Research Reporter 1(2): 92 - 95, 2011

Hubel, F. e E. Beck, 1993. Determinação in situ da relação P em torno da raiz primária do milho no que respeita ao P inorgânico e à fitase. Plant and Soil, 157: 1-9.

Huston, M. A. 1997. Hidden treatments in ecological experiments: re-evaluating the ecosystem function of biodiversity. Oecologia 110:449-460.

Hyde, K., Bussaban, B. et al. (2007). Diversity of saprobic microfungi. Biodiversidade e Conservação, 16(1), 7-35.

Iefuji, P., Chino, M., Kato, M. e Iimura, Y. (1996) A-amilase digestora de amido cru e termoestável da levedura *Cryptococcus* sp. S-2: purificação, caraterização, clonagem e sequenciação. *Biochem J* 318, 989-996.

Ikenebomeh MJ e Chikundu AE. Produção de biomassa *de Aspergillus niger* em meio de soro de mandioca, Nig. *J. Microbiol*, 1997; 11: 52- 63.

Ingold, C.T e Webster J. 1973. Alguns Hyphomycetes aquáticos da Índia.Kavaka1:5.

Inouye, S., Takizawa, T., e Yamaguchi, H. Atividade antibacteriana de óleos essenciais e dos seus constituintes principais contra agentes patogénicos do trato respiratório por contacto gasoso.J Antimicrob Chemother 2001;47(5):565-573.

Inouye, S., Uchida, K., e Yamaguchi, H. Atividade *anti-Trichophyton* in-vitro e in-vivo de óleos essenciais por contacto com o vapor. Mycoses 2001;44(3-4):99-107.

Inouye, S., Yamaguchi, H., e Takizawa, T. Rastreio dos efeitos antibacterianos de uma variedade de óleos essenciais em agentes patogénicos do trato respiratório, utilizando um método de ensaio de diluição modificado. *J Infect Chemother* 2001;7(4):251-254.

Inouye, S., Yamaguchi, H., e Takizawa, T. Rastreio dos efeitos antibacterianos de uma variedade de óleos essenciais em agentes patogénicos do trato respiratório, utilizando um método de ensaio de diluição modificado. *J Infect Chemother* 2001;7(4):251-254.

Actividades das fosfatases (ACP, ALP) em solos de agroecossistemas. Tese de doutoramento. Universidade Sueca de Ciências Agrícolas [Diakses 15 Desember 2005]

T.S., P.J. Gregory, M. Wood, D. Read, e R.J. Buresh. 2002. Atividade da fosfatase e ácidos orgânicos na rizosfera de espécies agroflorestais potenciais e do milho. *Soil Biology and Biochemystry* 34 : 1487-1494.

Tendências em Bioquímica e Enzimologia. Bioquímica, 29: 1057-10585.

Umamaheswari A, Nuni, R. Shreevidya, Avaliação da atividade antibacteriana das folhas de *Boerhaavia diffusa* L., Inter. J. Green Pharmacy, 75-78, abril-junho de 2010.

INTRODUÇÃO

AA (1990). Trends in Biochemistry and Enzymology (Tendências em Bioquímica e Enzimologia). Bioquímica, 29: 1057- 10585.

Abawi GS, Widmer TL. 2000. Impacto das práticas de gestão da saúde do solo nos agentes patogénicos do solo, nemátodos e doenças radiculares das culturas hortícolas. *Appl. Soil Ecol.* 15:37-47

Abe J, Bergmann FW, Obata K et al. Produção de amilases digestoras de amido cru de *Aspergillus* sp. *Appl Microbial Biotechnol* 2011; 27: 447-450.

Abe J., Makajoma K., Nagano H. e Hijkeri S., (1988). Produção da amilase digestora de amido cru de *Aspergillus* sp. K-27 Ação sinergética da -amilase. Carbohydrate Res. 75, 85-92.

Abe SSY, Inoue S, Ishibashi H et al. Nippon Ishinkin Gakkai Zasshi 2003; 44: 285-291.

Abu EA, Ado SA, James DB. Produção de amilase degradativa de amido cru por cultura mista de *Aspergillus niger* e *Saccharomyces cerevisae* cultivada em *bagaço de sorgo*, *Afr. J. Biotechnol* 2005; 4; 785 - 790.

Abubakar Sule , Qamar U. Ahmed , Othman A. Samah and Muhammad N. Omar, Bacteriostatic and bactericidal activities of *Andrographis paniculata* extracts on skin diseasecausing pathogenic bacteria Journal of Medicinal Plants Research Vol. 5(1), pp. 7-14, 4 de janeiro, 2011

Adebiyi, C.A.B. e Akinyaanju J.A., (1998). Produtores de amilase termofílicos do solo. Nig. J. Sci. Technol., 11:30-38.

Adekunle, A.A. e O.A. Oluwo, 2008. O valor nutritivo das sementes e do óleo de cucumis melo var. agrestis scard (cucurbitaceae) na Nigéria. Am. J. Food Technol, 3: 141-146.

Agarwal M.K. ,D. N. Shivpuri (1974):Studies on Atmospheric Fungal spores and Pollen grains and their role in allergy. Ind. Chest.Dis.16,(265-258)

Agrawal PB, Nierstrasz VA, Warmoeskerken MMCG (2008). Role of mechanical action in lowtemperature cotton scouring with *F. solani pisi* cutinase and pectate lyase, *Enzyme and Microbial Technology* 42 473-482.

Agrawal PB, Nierstrasz VA, Warmoeskerken MMCG (2008). Role of mechanical action in lowtemperature cotton scouring with F. solani pisi cutinase and pectate lyase, *Enzyme and Microbial Technology* 42 473-482.

Agrawal, G.P., Agrawal,P,.Hasija, S.K.Pande, A.K. e Rajak R. C.1990.Ads. In: Frontiers in Botanical Research National Symposium Punjab University Chandigarh.

Agrios, G. N. 1988. Plant Pathology, Third edition. Academic Press, Inc., San Diego. Alexopoulos, C. J., e C. W. Mims. 1979. *Introductory Mycology*, Terceira edição. John Wiley & Sons, Nova Iorque.

Aiello,C.,Ferrer,A and Ledesma,A.(1996) Effect of alkaline treatments at various temperatures on cellulase and biomass production using submerged sugarcane bagasse fermentation with 4.*Trichoderma reesei* QM 9414. *Biores. Technol.* 57, 13-8.

Akpan I, Bankole MO, Adesmovo AM et al. Produção de amilase por *Aspergillusniger* num meio sólido barato utilizando farelo de arroz e material agrícola. *Trop Sci* 2009; 39: 77-79.

Alabouvette C, Lemanceau P. 1993. Avanços recentes no controlo biológico das murchas *de Fusarium. Pestic. Sci.* 37:365-73

Ali, N. M., Hohtar, M., Shaari, K., Rahmanii, M., Ali, A. M. e Jantan, I. 2002. Composição química e actividades antimicrobianas dos óleos essenciais de *Cinnamomum aureofulvum* Gamb. J. Essent. Oil Res. 14: 135-138.

Allcroft, R.C.R.B.; Sargent, K.; O'Kelly, J. A toxic fator in Brazilian groundnut meal. Vet. Rec. 1961, 73, 428.

Alviano, W. S., Mendonça-Filho, R. R., Alviano, D. S., Bizzo, H. R., Souto-Padron, T., Rodrigues, M. L., Bolognese, A. M., Alviano, C. S. e Souza, M. M. G. 2005. Atividade antimicrobiana do óleo essencial *de Croton cajucara* Benth rico em linalol sobre biofilmes artificiais e microrganismos planctônicos. Oral Microbiol. Immunol. : 101-105.

Amadioha, A.C., 2002. Atividade fungicida de extractos de folhas de quatro plantas contra fungos patogénicos do arroz na Nigéria. *Archives of Phytopathology and Plant Protection*, 51: 50-61.

Ana Carolina Pessoa Moreira; Edeltrudes de Oliveira Lima; Paulo Alves Wanderley Egberto Santos Carmo Evandro Leite de Souza *Brazilian Journal of Microbiology* (2010) 41: 28-33

Ander P, Daniel G, Pettersson B, Westermark V. Possíveis aplicações de enzimas oxidantes de celobiose e outras enzimas de dinucleótidos de flavina na indústria da pasta e do papel. ACS Symp Ser. 1996;655:297-30

Aneja KR, Experiments in Microbiology, plant pathology and biotechnology, Fourth edition, New Age International (p). Ltd, publishers, Nova Deli, 2003: 607.

Angelova M, Sheremetska P, Lekov M (199). Produção melhorada de polimetilgalacturonase de *Aspergillus niger* 26 por imobilização de alginato de cálcio, *Process Biochemistry* 33 299-305.

Angelova M, Sheremetska P, Lekov M (1998). Produção melhorada de polimetilgalacturonase de *Aspergillus niger* 26 por imobilização em alginato de cálcio, Process Biochemistry 33 299-305.

Aniel Kumar O, Mutyala Naidu L e K G Raja Rao Atividade antibacteriana in vitro nos extractos de *Andrographis paniculata* Burm. F International Journal of PharmTech Research, Vol.2, No.2, pp 1383-1385, 2010

Arun Sasi, Baghyaraj R, Yogananth N, Chanthuru A, Ravikumar M (2008). Produção de amilase em fermentação submersa utilizando *Bacillus* sp, Res. J. Biol. Sci. 1: 50-57.

Asekun, O.T.; Ekundayo, O.; Adeniyi, B.A. (1999). Atividade antimicrobiana do óleo essencial das folhas de *Hyptis suaveolens*. Fitoterapia, 70: 440-442.

Attathom T, Chongrattanameteekul W, Chanpaisang J, Siriyan R (1995). Diversidade morfológica e toxicidade da delta-endotoxina produzida por várias estirpes de *Bacillus thuringiensis*. Bull. *Entomol, Res*. 85: 67-173.

Bailey, M.J. e E. Pessa. 1990. Estirpe e processo de produção de poligalacturonase. *Enzyme & Microbial Technol*, 12: 266-271.

Bailey, M.J., e poutanen, K. (1987) produção de enzima xilanolítica por estirpes sp de *Aspergillus, App Microbiol*. 30, 5-10.

BaisHP,Vepachedu R,Gilroy S,Callaway RM,Vivanco JM. 2003. Allelopathy and exotic plant invasion: from molecules and genes to species interactions. Ciência 301:137780

BaisHP,Vepachedu R,Gilroy S,Callaway RM,Vivanco JM. 2003. Allelopathy and exotic plant invasion: from molecules and genes to species interactions. Ciência 301:137780

Baker JT, Borris RP, Carte B, Cordell GA, Soejarto DD, Cragg GM, Gupta MP, Iwu MM, Madulid DR e Tyler VE. Natural product drug discovery and development: New perspective on international collaboration. *J. Nat. Prod.* 1995; 58: 13251357.

Bakir, U., Yavascaoglu, S., Guvenc, F e A Ersayin.(2001) Uma endo-β-1,4-xilanase de *Rhizopus oryzae*: produção, purificação parcial e caraterização bioquímica. *Enzyme Microb. Technol;* 29, 328-34.

Bakshi, B.K. e S. Singh (1956).Doença de murchidão de shisham (*Dalbergia sisoo* Roxb): Estudos sobre fungos do solo (excluindo *Aspergillus* e *Penicillium*) isolados de florestas de shisham. *Indian Phytopathology* 9(2): 114-123.

Bakshu, L. Md. e R.R. Venkata Raju Atividade antimicrobiana de *Rhynchosia beddomei Fitoterapia* 72 (2001) 579-582

Balaji P., Bharath P Satyan RS e Hariharan GN. Atividade antimicrobiana in vitro de extractos de talo de *roccella montagnei. j. trop. Med. Plants*; 2006;7(2):169-173.

Balkan, B. e F. Ertan, 2005. Produção e propriedades da "-amilase de *Penicillium chrysogenum* e sua aplicação na hidrólise do amido. Prep. *Biochem. Biotechnol*, 35: 169-178.

Balkan, B. e F. Ertan, 2005. Produção e propriedades da "-amilase de *Penicillium chrysogenum* e sua aplicação na hidrólise do amido. Prep. Biochem. Biotechnol, 35: 169-178.

Bam area earthquake in SE Iran (M (s)=6.6)", Journal of Soils and Sediments 9: 23-2,

Bargett, R. D., e A. Shine. 1999. Ligações entre a diversidade de folhada vegetal, a biomassa microbiana do solo e a função do ecossistema em prados temperados. Soil Biology and Biochemistry 31:317-321

Baudoin E, Benizri E, Guckert A. 2002. Impacto do estádio de crescimento na estrutura da comunidade bacteriana ao longo das raízes do milho, determinado por impressões digitais metabólicas e genéticas. *Appl. Soil Ecol.* 19:135- 45.

Beena K R; Ananda K; Sridhar K R (2000). Fungal endophytes of three sand dune plant species of west coast of India. Sydowia, **52**: 1-9.

Bergquist P, Te'o V, Gibbs M, Enzimas de Branqueamento Recombinantes de Termófilos Expressas em Hospedeiros Fúngicos. In: Mansfield SD, Saddler JN, editores. Applications of Enzymes to Lignocellulosics; *Amer. Chem. Soc.* Symposium Series, 855; 2003. pp. 435-445.

Bhat M, Bhat S (1997). Enzimas de degradação da celulose e potenciais aplicações industriais. *Biotechnol, Adv.*, 15: 583-620.

Bhowmik Debjit, Kumar KP, Pankaj T, Chiranjib B. Traditional herbal medicines: An overview. *Archieves of Appl. Sci. Res.*, 2009; 1(2): 165-177.

Birkeland, Peter W. Soils and Geomorphology, 3ª Edição. Nova Iorque: Oxford University Press, 1999.

Bishop, C. D. e Thornton, I. B. 1997. Avaliação da atividade antifúngica dos óleos essenciais de *Monarda citriodora var. citriodora* e *Melaleuca alternifolia* em agentes patogénicos pós-colheita. J. Essent. Oil Res. : 77-82.

Biswas, K., I. Chattopadhyay e R.K. Banerjee, 2002. Actividades biológicas e propriedades medicinais do neem *(Azadirachta indica)* Bandopadhyay, U., Curr Sci., 82: 13361345.

Bligh, E. G., e W. J. Dwyer. 1959. Um método rápido de extração e purificação de lípidos totais. *Canadian Journal of Biochemistry and Physiology* 37:911-917.

Boidin, A. e Effront, J. 1917 Bacterial enzymes. Patentes dos E.U.A. 1,227,374 e 1,227,525.

Borse B.D., 2006.Aquatic fungi from North Maharashtra.IV:J.Ads.Sci. and Tech.9:91.

Borse.B.D. e Patil R. S. 2007. Fungos aquáticos do Norte de Maharashtra-I Bioinfolet 4:101.

Bowles, L.L. Enzimas amilolíticas. Food Sci. Technol., 5,105-129 1996.

Boyce, C.O L. Novo's Handbook of practical biotechnology. Novo Industry A/S, Bagsvaerd, Dinamarca, 1986.

Boyd, C.E.1995. Bottom soil, sediment and ponds aquaculture. Chapman Hill Publ. Pp.1- 9.

Buol, S. W.; Hole, F. D. e McCracken, R. J. (1973), Soil Genesis and Classification (Primeira ed.), Ames, IA: Iowa State University Press, ISBN 0-8138-1460-X.

Caldeira, M. C., R. J. Ryel, J. H. Lawton, e J. S. Periera.2001. Mechanisms of positive biodiversity-production relationships: insights provided by d13C analysis in experimental Mediterranean grassland plots. *Ecology Letters 4*:439-443.

Carolina B, Ana D, Ignacio de O, Colin W, Ana B (2006). Produção de xilanase e pectinase por *Aspergillus awamori* em bagaço de uva em fermentação em estado sólido, *Process Biochemistry* 42 98-101.

Carson, C. F . e Riley, T. V. 1995. Atividade antimicrobiana dos principais componentes do óleo essencial de *Melaleuca alternifolia*. J. Appl. Bacteriol. : 264-269

Chandra, A.K. (1983) Purificação e caraterização da a-amilase de *Bacillus licheniformis* CUMC 305. *Appl Environ Microbiol* 46, 430-437.

Chattopadhyay, R.R., R.N. Chattopadhyay e S.K. Maitra, 1993. Possível mecanismo de atividade anti-inflamatória do extrato de folha de Azadirachta indica. *Indian J. Pharm.,* 25: 99-100.

Chaudhary G, Sandeep G, Priyanka P. *Lawsonia inermis* Linn. Uma revisão fitofarmacológica. *Intl. J. Pharmaceutical Sci. DrugRes.*, 2010; 2(2): 91-98.

Chaurasia SC, Jain PC. Atividade antibacteriana de óleos essenciais de quatro plantas medicinais. *Indian J Hosp Pharm.* 1978; 166-68.

Chopra, R.N., I.C. Chopra, K.L. Handa e L.D. Kapur, 1958. In: Medicinal Plants in diabetes in indegenous drugs of india, Gupta, P. (ed), 2nd ed., pp. 314-319, Calcutá, Índia: 314-319, Calcutá, Índia,

Christov, L.P., Sazkacs, G., e Balakrishnan, H. (1999) Produção, caraterização parcial e utilização de xilanases livres de celulase fúngica no branqueamento de polpa, Process Biochem, 34, 511 - 517.

Cooke, R. C, e A. D. M. Rayner. 1984. Ecology of Saprothrophic Fungi. Longman Inc., Nova Iorque.

Coony, D.S.G. e Emerson, R.1964. Thermophilic fungi: An Account of biology, activities and classification (ed.Freeman, W.H.) San Francisco, Californiz, Pp.188.

Corentin H, Richard OC, Elodie G, Vincent S, Marie-Therese ET, Bernard D (2004). Produção de uma endopoligalacturonase associada à parede celular por *Colletotrichum lindemuthianum* N e degradação da pectina durante a infeção do feijão, Fungal. Genetics and Biology 41 140-147.

Corentin H, Richard OC, Elodie G, Vincent S, Marie-Therese ET, Bernard D (2003). Produção de uma endopoligalacturonase associada à parede celular por *Colletotrichum* lindemuthianum N e degradação da pectina durante a infeção do feijão, Fungal. Genetics and Biology 41 140-147.

Cox, PM., Betts, RA., Jones, CD., Spall, SA e Totterdell, U., 2000. Acelaração do aquecimento global devido ao feedback do ciclo do carbono num modelo climático acoplado. *Nature.* 408:184-187.

Cragg GM e Newman DJ. Medicinals for the millennia. Ann.NY Acad Sci.2001; 953: 325.

Cromack, J., K., e B. A. Caldwell. 1992. O papel dos fungos na decomposição da folhada e no ciclo de nutrientes. Páginas 653-668 em G. C. Carroll e D. T. Wicklow, editores. *The Fungal Community.* Marcel Dekker, Inc., Nova Iorque.

Crueger W e Crueger A. Enzimas. Em Bio-Technology. A Text book of Industrial Microbiology, 1984, pp.161-186.

Dalby DK. Prescott and Dunn's Industrial microbiology. 4th ed.CBS Publishers and distributors;1999:48-50.

Dan, S., I. Marton, M. Dekel, B.A. Bravdo, S. He, S.G. Withers e O. Shoseyov. 2000. Clonagem, expressão, caraterização e identificação nucleófila da família 3, *Aspergillus niger β-glucosidase. J. Biol. Chem.*, 275(7): 4973-4980.

Dangar et al 50 Das J, Dangar TK (2007b). Dinâmica da população microbiana, especialmente *Bacillus thuringiensis* tolerante ao stress, em solos de arrozais parcialmente anaeróbicos durante o período pós-colheita nos Himalaias, ilhas, águas salobras e habitats costeiros da Índia. World J. Microbiol. Biotechnol. DOI 10.1007/s11274-007-9620-3.

Das J, Dangar TK (2007a). Diversidade de *Bacillus thuringiensis* nos solos de arrozais de diferentes ecologias na Índia. *Ind. J. Microbiol.* 47: 364- 368.

DavidJJ , Brian W (1992).Um estudo estudo imunológico da indução de poligalacturonases em *Botrytis cinerea*, FEMS *Microbiology Letters* 9719-23.

DavidJJ , Brian W (1992).Um estudo imunológico da indução de poligalacturonases em *Botrytis cinerea*, FEMS *Microbiology Letters* 9719-23.

de Barjac H, Frachon E (1990). Classificação das estirpes *de Bacillus thuringiensis*. Entomophaga, 35: 233-240.

de Billerbeck, V. G., Roques, C. G., Bessiere, J. M., Fonvieille, J. L., e Dargent, R. Efeitos do óleo essencial *de Cymbopogon nardus* (L.) W. Watson no crescimento e morfogénese de *Aspergillus niger.Can J Microbiol* 2001;47(1):9-17.

De Deyn, G. B. e W. H. Van der Putten (2005). "Linking aboveground and belowground diversity." *Trends In Ecology & Evolution* 20(11): 625-633.

De Leij FAAM, Lynch JM. 1993. A utilização do desenvolvimento de colónias para a caraterização de comunidades bacterianas no solo e nas raízes. *FEMS Microbiol. Ecol.* 27:81- 97
De Leij FAAM, Lynch JM. 1993. A utilização do desenvolvimento de colónias para a caraterização de comunidades bacterianas no solo e nas raízes. FEMS *Microbiol. Ecol.* 27:81- 97
De Leij FAAM, Sutton SJ, Whipps JM, Fenlon JS, Lynch JM. 1995. Impacto da libertação no terreno de *Pseudomonas fluorescens* geneticamente modificada na população microbiana indígena do trigo. *Appl. Environ. Microbiol.* 61:3443-53
De Leij FAAM, Sutton SJ, Whipps JM, Fenlon JS, Lynch JM. 1995. Impacto da libertação no terreno de Pseudomonas fluorescens geneticamente modificada na população microbiana indígena do trigo. *Appl. Envi- ron. Microbiol.* 61:3443-53
De Moraes, L.M.P., Astolfi-Filho, S. e Ulhao, C.J. (1999) Purificação e algumas propriedades de uma proteína de fusão a-amilase glucoamilase de *Saccharomyces cerevisiae. World J Microbiol Biotechnol* 15, 561-564.

De nis S, Kivia T, Eduardo da SM, Roberto DS, Eleni G (2005). Produção de pectinase por fermentação em estado sólido com *Penicillium viridicatum* RFC3, Process Biochemistry 40 2885-2889.

Deacon, J. W. 1997. Modern Mycology. Blackwell Science, Oxford. Dix, N. J., e J. Webster. 1995. *Fungal Ecology*. Chapman & Hall, Londres.

Delaquis, P. J., Stanich, K., Girard, B. e Mazza, G. 2002. Atividade antimicrobiana de fracções individuais e mistas de óleos essenciais de endro, coentro, *coentro* e *eucalipto*. Int. J. Food Microbiol: 101-109.

Denis S, Kivia T, Eduardo da SM, Roberto DS, Eleni G (2005). Produção de pectinase por fermentação em estado sólido com *Penicillium viridicatum* RFC3, *Process Biochemistry* 40 2885-2889.

Devakumar, C. e SukhDev., 1996. Em Neem (eds Randhawa e Parmar, B. S.), 2nd edn, pp: 77-110.

Dobranic, J, K., e J, C, Zak, 1999, Um procedimento de placa de microtitulação para avaliar a diversidade funcional dos fungos. *Mycologia* 91:756-765.

Dobranic. J. K. 2001. Padrões temporais e espaciais da diversidade de fungos ao longo de um gradiente de elevação num ecossistema árido. Dissertação. Universidade Técnica do Texas, Lubbock, Texas.

Domingues, C.M. e Peralta, R.M. (1993) Produção de amilase por fungos do solo e caraterização bioquímica parcial da amilase de uma estirpe selecionada *de Aspergillus fumigatus* Fresenius. *Can. J. Microbiol.* **39**, 681-685.

Domsch, K.W., W. Gams e T.H. Anderson, 1980. Compendium of Soil Fungi. 1ª Edn., Academic Press, Londres, ISBN-10: 0122204018, pp: 22-23.

Dooley, Alan (junho de 2006). "Sandboils 101: Corps tem experiência em lidar com o perigo comum de inundação". Atualização do Engenheiro. Corpo de Engenheiros do Exército dos EUA. Arquivado do original em 2008-04-18.

Doran JW, Sarrantonio M, Liebig MA. 1996. Saúde do solo e sustentabilidade. Adv. Agron. 56:2-54

Doran JW, Sarrantonio M, Liebig MA. 1996. Saúde do solo e sustentabilidade. Adv. Agron. 56:2-54

Drainage Manual: A Guide to Integrating Plant, Soil, and Water Relationships for Drainage of Irrigated Lands, Departamento do Interior, Bureau of Reclamation, 1993, 061623-9

Duarte, M. C., Leme, E. E., Delarmelina, C., Soares, A. A., Figueira, G. M., and Sartoratto, A. Activity of essential oils from Brazilian medicinal plants on *Escherichia coli. J Ethnopharmacol12-3-2006*;

Duineveld BM, Kowalchuk GA, KeijzerWolters A, van Elsas JD, van Veen JA. 2001. Análise das comunidades bacterianas na rizosfera do crisântemo através da eletroforese em gel de gradiente desnaturante do rRNA 16S amplificado por PCR, bem como de fragmentos de ADN que codificam o rRNA 16S. *Appl. Environ. Microbiol.* 67:172-78

Dunbar J, Takala S, Barns SM, Davis JA, Kuske CR. 1999. Nível de diversidade da comunidade bacteriana em quatro solos áridos comparados por cultivo e clonagem do gene 16S rRNA. *Appl. Environ. Microbiol.* 65:1662-69

Dynowska, M. 2002. Atividade antifúngica dos óleos essenciais de algumas espécies do género *Pinus*. Z. Natur-forsch. 572: 478- 482.

El Kamali, H. H., Hamza, M. A., e El Amir, M. Y. Atividade antibacteriana do óleo essencial da inflorescência *de Cymbopogon nervatus*. Fitoterapia 2005;76(5):446-449.

El-Kabouss, A., Charrouf, Z., Faid, M., Garneau, F. e Collin, G. 2002. Composição química e atividade antimicrobiana do óleo essencial da folha de *Argania spinosa* L. Skeels. J. Essent. Oil Res. 14: 147-149.

El-Kady, I. A., El-Maraghy, S. S. M. e Mostafa, E. M. 1993. Actividades antibacterianas e antidermatófitas de alguns óleos essenciais de especiarias. Qatar Univ. Sci. J. : 63-69.

Evans CE, Banso A e Samuel OA. Eficácia de algumas plantas medicinais nupe contra *Salmonella typhi* - um estudo in vitro. *Journal of Ethnopharmacology* 2002; 80: 21-24

Ezekiel, C.N., Nwagburuka, C.C., Anokwuru, C.P., Adesioye, F.A., Olaoye, O.O. & Okonkwo, N.C. 2009. Fungal diversity and antagonistic interactions Gilman, J.C. 1971. *A Manual of Soil Fungi*, 2ª ed. Iowa: Iowa State College Press. 450pp.

Ezekiel, C.N., Nwagburuka, C.C., Anokwuru, C.P., Adesioye, F.A., Olaoye, O.O. & konkwo, N.C. 2009. Diversidade fúngica e interação antagónica de Stachybotrys chartarum em solos da Universidade de Babcock. actaSATECH, 3(1): 90-97.

Fadel, M., 2000. Produção de enzimas amilolíticas termoestáveis por *Aspergillus niger* F-909 em fermentação em estado sólido. *Egyptian J. Microbiol*, 35: 487-505.

Feitelson JS (1993). A árvore genealógica de *Bacillus thuringiensis*. In: ed. Kim L, Marcel Dekker, Inc., NY, Adv. Eng. pesticides, EUA, pp. 63-71.

Fierer, N. (2001), "Influence of balsam poplar tannin fractions on carbon and nitrogen dynamics in Alaskan taiga floodplain soils", Soil Biology and Biochemistry 33 (12-13): 1827.

Findenegg, G.R. e J.A. Neiemans, 1993. The effect of phytase on the availability of P from myo-inositol hexaphosphate (phytate) for maize roots. *Plant and Soil*, 154: 189196.

Flanagan, P. W. 1981. Taxa de fungos, grupos fisiológicos e biomassa, uma comparação entre ecossistemas. Pages 569-592 in D. T. Wicklow and G. C. Carrol, editors.The fungal community, its organization and role in the ecosystem. Marcel Dekker, Nova Iorque.

Flexner JL, Belnavis DL (2000). Controlo biológico e biotecnológico das pragas de insectos. In: Microbial Insecticides Rechicigl JE, Rechicigl NA(eds). Lewis Publishers, NY, EUA, pp. 35-60.

Fogarty W.M. (1983). Amilases microbianas. In: Microbial Enzymes and Biotechnology (Ed. W.M. Fogarty) pp. 1-92. Applied Science Publishers, Londres, Reino Unido.Bernfed PC (1951). Enzimas de degradação e síntese de amido. Adv. Enzymol. 12: 379-481.

Forgacs, J.; Carll, W.T. Mycotoxicoses. Adv. Vet. Sci. 1962, 7, 273-382.

Freer, S.N. (1993) Purificação e caraterização da a-amilase extracelular de *Streptococcus* sp. JB 1. *Appl Environ Microbiol* 59, 1398-1402.

Friedman, M., Henika, P. R., and Mandrell, R. E. Bactericidal activities of plant essential oils and some of their isolated constituents against *Campylobacter jejuni*, *Escherichia coli,Listeria monocytogenes,* and *Salmonella enterica*. *J Food Prot* 2002;65(10):1545-1560.

Friedman, M., Henika, P. R., Levin, C. E., and Mandrell, R. E. Antibacterial activities of plant essential oils and their components against *Escherichia coli* O157:H7 and *Salmonella enterica* in apple juice.*J Agric Food Chem* 9-22-2004;52(19):6042-6048.

Fujiwara, T., E. Sugishita, T. Takeda, Y. Ogihara,mM. Shimizu, T. Nomura e Y. Tomita, 1984. Estudos adicionais sobre a estrutura dos polissacáridos da casca de *Melia azadirachta*. Chem. Pharm. Bull, 32: 1385-139.

G. A. He lal *et al.,* (2006) *Mycobiology* 34(4): 219-229 (2006)

G.L. Pachkore D.A. Dhale , and A. N. Dharasurkar Antimicrobial and phytochemical screening of *Hyptis suaveolens* (L.Poit) Lamiaceae International Multidisciplinary Research Journal 2011, 1/4:01-03

Galiah K. e Manoharachary C. 1987. Estudos sobre fungos conidiais de um riacho de Andhra Pradesh.

Indian Phytopath. 40:466.

Gandhiraja N, Sriram, Meena V, Kavitha C, Sasikumar C, Rajeswari R. Rastreio fitoquímico e atividade antimicrobiana dos extractos de plantas de *Mimosa pudica* L contra os micróbios selecionados. Folhetos etanobotânicos, 2009; 13: 618-624.

Gangawane, L.V. e K.B. Deshpande (1972). Microbial ecology in some forest soils of Marathwada - I, Rhizosphere microfungi of some common trees of Ajanta hills. *Marathwada University Journal of Science* B 11: 1-4.

Garbeva P, van Veen JA, van El- sas JD. 2004. Avaliação da diversidade e antagonismo em relação a Rhi- zoctonia solani AG3, de espécies de *Pseudomonas* em solos de diferentes regimes agrícolas. FEMS *Microbiol. Ecol.* 47:51- 64

Garbeva P, van Veen JA, van Elsas JD. 2003. *Bacillus* spp. predominantes em solos agrícolas sob diferentes regimes de gestão detectados por PCR-DGGE. *Microb. Ecol.* 45:302-16

Garbeva P, van Veen JA, van Elsas JD. 2004. Avaliação da diversidade e do antagonismo em relação a *Rhizoctonia solani* AG3, de espécies de *Pseudomonas* em solos de diferentes regimes agrícolas. *FEMS Microbiol. Ecol.* 47:51- 64

Garcia R, Garcia Garrido JM, Ocampo JA (1991). Enzimas pectolíticas no fungo micorrízico vesicular-arbuscular *Glomus mosseae*, FEMS *Microbiology Letters*,78343-346.

Garcia R, Garcia Garrido JM, Ocampo JA (1991). Enzimas pectolíticas no fungo micorrízico vesicular-arbuscular *Glomus mosseae*, FEMS *Microbiology Letters*,78343-346.

Garland JL. 1996. Padrões de utilização de fontes potenciais de C por comunidades da rizosfera. Soil Biol. *Biochem.* 28:223-30

Garland JL. 1996. Padrões de utilização de fontes potenciais de C pelas comunidades da rizosfera. *Soil Biol. Biochem.* 28:223-30

Gautam S. P .BundelaP.S. PandeyA.K ,Jamaluddin, Awasthi M.K, Sarsaiya S. Optimi

zação do meio para a produção de celulase pelo *Trichoderma viride usando* fermentação submersa. *Revista Internacional de Ciências Ambientais* Volume 1, No 4, 2010

Gehron, M. J., e D. C. White. 1983. Sensitive assay of phospholipid glycerol in environmental samples. *Journal of Microbiological Methods* 1:23-32.

Gelsomino A, Keijzer-Wolters A, Cacco G, van Elsas JD. 1999. Assessment of bacterial community structure in soil by polymerase chain reaction and denaturinggradient gel electrophoresis. *J. Microbiol. Methods* 38:1-15

Germida JJ, Siciliano SD, Freitas JR, Seib AM. 1998. Diversidade de bactérias associadas a raízes de canola (*Brassica napus* L.) e trigo (*Triticum aestivum* L.) cultivadas em campo. *FEMS Microbiol. Ecol.* 26:43-50

Ghahfarokhi MS, Fazal A, Lotfi A, Abyaneh MR. Produção de celobiose desidrogenase pelo género *cladosporium*. Iran Biomed J. 2004;8(2):107-111

Gillespie A,Cook K, Coughlan MP (1990).Caracterização de uma endopoligalacturonase produzida por culturas em estado sólido do fungo aeróbio *Penicilliumcapsulatum*, *Journal of Biotechnology* 13 279-292.

Gillespie A,Cook K, Coughlan MP (1990).Caracterização de uma endopoligalacturonase produzida por culturas em estado sólido do fungo aeróbio Penicillium capsulatum, *Journal of Biotechnology* 13 279-292.

Gilman, J.L.1967. A manual of soil fungi. IBH Publ.,Co Calcxutta. Pp.97.

Gislene G. F. Nascimento, Juliana Locatelli, Paulo C. Freitas, e Giuliana L. Silva, Antibacterial activity of plant extracts and phytochemicals on antibioticresistant *bacteria*, *Brazilian Journal of Microbiology*, 31:247-256, 2000.

Goodfellow M, Lacey J, Todd C (1987) Numerical classification of thermophilic streptomycetes. Jornal de Microbiologia Geral 133, 3135 e 3149

Goodfellow, M. e Simpson, K. E. (1987). Ecologia dos estreptomicetos. Frontiers in Applied Microbiology 2:97-125.

Goodfellow, M. e Williams, S. T. (1983). Ecologia dos actinomicetos. *Ann. Rev. Microbiol.* 37: 189-216.

Gottlieb D, 1973. Considerações gerais e implicações dos actinomicetos. In: Sykes, D e F.A.Skinner (eds), Actinomycetales: Characteristics and Practical Importance, Academic Press, p.1-10, Nova Iorque.

Gowda, N. K. S., Malathi, R. U. e Suganthi, R. U. 2004. Efeito de alguns compostos químicos e herbais no crescimento de *Aspergillus parasiticus* e na produção de aflatoxina. Animal Feed Sci. Tech. 116: 281-291. Krauze-Baranowska, M., Mardarowicz, M., Wiwart, M., Poblocka, L. e

Grayston SJ, Wang S, Campbell CD, Ed- wards AC. 1998. Influência selectiva das espécies vegetais na diversidade microbiana da rizosfera. *Soil Biol. Biochem.* 30:369-78.

Greenland, D. 1987. The climates of the long-term ecological research sites, Occasional Paper Number 44, Institute of Arctic and Alpine Research, University of Colorado, Boulder, Colorado, USA.

Griffiths, B.S., Ritz, K., Bardgett, R.D., Cook, R., Christensen, S., Ekelund, F. *et al.* 2000. Resposta do ecossistema das comunidades de solo de pastagem às reduções da diversidade microbiana induzidas pela fumigação: um exame da relação biodiversidade-função do ecossistema. Oikos, 90, 279-294.

Guneet K, Sanjeev K, Satyanarayana T (2004). Produção, caraterização e aplicação de uma poligalacturonase termoestável de um bolor termofílico Sporotrichum thermophile Apinis, *Bioresource Technology* 94 239-243.

Guneet K, Sanjeev K, Satyanarayana T (2004). Produção, caraterização e aplicação de uma poligalacturonase termoestável de um bolor termofílico *Sporotrichum thermophile Apinis, Bioresource Technology 94 239-243.*

Gupta A., Gupta V. K., Modi D. R. e Yadav L. P., (2008). Produção -amilase de *AspergillusNiger*. Biotechnology 7 (3),α,Charaterization of 551-556.

Gupta JK, Soni SK. Industrial applications of enzymes. J Pb Acad Sci. 2000;2:241- 245.

Gupta, R., Paresh, G., Mohapatra, H., Goswami, V.K. e Chauhan, B. (2003) Microbial a-amylases: a biotechnological perspective. *Process Biochem* 38, 1599-1616.

Guzinska, K.,Ciechanska, D., Wawro, D e H Struszczyk.(2003) Investigação do processo de modificação da pasta de celulose com a utilização de enzimas celulolíticas da estirpe *Aspergillus wentii* LOCK 0459. Fibras e Têxteis na Europa de Leste; 11, 48-52.

Hagedorn, C. (1976). Influências da acidez do solo nas populações de *Streptomyces* que habitam os solos florestais. *Appl Environ Microbiol* 32,368-375.

Hallmann J, Rodriguez-Kabana R, Kloepper JW. 1999. Chitin-mediated changes in bacterial communities of soil, rhizosphere and roots of cotton in relation to nematode control. Soil Biol. *Biochem* 31:551-60

Hamby, M.K., e D.L. Crawford. 2000. The enhancement of plant growth by selected *Streptomyces* species. Sociedade Americana de Microbiologia, 100ª Reunião Geral, Los Angeles, CA. Resumos: 567.

Harris GH, Hesterman OB, Paul EA, Peters SE, Janke RR. 1994. Destino do nitrogênio-15 de leguminosas e fertilizantes em um experimento de sistema de cultivo de longo prazo. *Agron. J.* 86:910-15

Harrison NG, Allan JD, Colwell RK, Fu-tuyma DJ, Howell J, et al. 1968. The relationship between species diversity and stability: an experimental approach with protozoa and bacteria. *Ecology* 1091-101.

Hart, S. C., J. M. Stark, E. A. Davidson e M. K. Firestone. 1994. Nitrogen mineralization, immobilization, and nitri-fication. Pages 985-1018 in R. W. Weaver, S. Angel, P.Bettomley, D. Bezdicek, S. Smith, A. Tabatabai, and A.Wollum, editors. Methods of Soil Analysis. Parte 2: Propriedades microbiológicas e bioquímicas. Soil Science Society of America, Madison, Wisconsin, EUA.

Haseltine, C., M. Rolfsmeier e P. Blum, 1996. O efeito da glucose e a regulação da síntese de a-amilase na arqueia hipertermofílica *Sulfolobus solfataricus*. *J. Bacteriol*, 178: 945-950.

Haselwandter K (2008). Estrutura e função dos sideróforos produzidos por fungos micorrízicos. Mineral. Mag.72: 61-64.

Haska, R. e Y. Ohta, 1994. Starch/Starke, 46: 480-485.

Hayes, J.E., A.E. Richardson e R.J. Simpson, 1999. Phytase and acid phosphatase activities in extracts from roots of temperate pasture grass and legume species. *Australian J. Plant Physiol*, 26: 801-809.

Hector, A., et al. 1999. Experiências de diversidade vegetal e produtividade em prados europeus. Ciência 286:1123-1127.

Heilmann B, Lebuhn M, Beese F. 1995. Métodos de investigação da atividade metabólica e mudanças na comunidade microbiana no solo tratado com um fungicida. *Biol. Fertil. Soils* 19:186-9226.

Helal, G. A., Sarhan, M. M., Abu Shahla, A. N., e Abou El-Khair, E. K. Efeitos do óleo essencial *de Cymbopogon citratus* L. no crescimento, conteúdo lipídico e morfogénese da estirpe ML2 de *Aspergillus niger*. *J Basic Microbiol* 2006;46(6):456-469.

Hirsch AM, BauerWD, BirdDM, Cullimore J, Tyler B, Yoder JI. 2003.Molecular signals and receptors: controlling rhizosphere interactions between plants and other organisms. Ecologia 84:858-68

Hirsch AM, BauerWD, BirdDM, Cullimore J, Tyler B, Yoder JI. 2003.Molecular signals and receptors: controlling rhizosphere interactions between plants and other organisms. Ecologia 84:858-68

Hongchen Jiang, Hailiang Dong, Gengxin Zhang e Matthew W. Fields,Bingsong Yu, Leah R. Chapman, Microbial Diversity in Water and Sediment, *Applied and Environmental Microbiology*, junho de 2006, p. 3832-3845 Vol. 72, No. 6

Hooper, D. U., e P. M. Vitousek. 1998. Efeitos da composição e diversidade das plantas no ciclo de nutrientes. *Ecological Monographs* 68:121-149.

Hosamani P A, Lakshman H C, Sandeepkumar K e Rashmi C Hosamani Atividade antimicrobiana do extrato de folha de *Andrographis paniculata* Wall Science Research Reporter 1(2): 92 - 95, 2011

Hubel, F. e E. Beck, 1993. Determinação in situ da relação P em torno da raiz primária do milho no que respeita ao P inorgânico e à fitase. Plant and Soil, 157: 1-9.

Huston, M. A. 1997. Tratamentos ocultos em experiências ecológicas: reavaliando a função ecossistémica da biodiversidade. Oecologia 110:449-460.

Hyde, K., Bussaban, B. et al. (2007). Diversity of saprobic microfungi. Biodiversidade e Conservação, 16(1), 7-35

Iefuji, P., Chino, M., Kato, M. e Iimura, Y. (1996) A-amilase digestora de amido cru e termoestável da levedura *Cryptococcus* sp. S-2: purificação, caraterização, clonagem e sequenciação. *Biochem J* 318, 989-996.

Ingold, C.T e Webster J. 1973. Alguns Hyphomycetes aquáticos da Índia.Kavaka1:5.

Inouye, S., Takizawa, T., e Yamaguchi, H. Atividade antibacteriana de óleos essenciais e dos seus constituintes principais contra agentes patogénicos do trato respiratório por contacto gasoso.J Antimicrob Chemother 2001;47(5):565-573.

Inouye, S., Uchida, K., e Yamaguchi, H. Atividade *anti-Trichophyton* in-vitro e in-vivo de óleos essenciais por contacto com o vapor. Mycoses 2001;44(3-4):99-107.

Inouye, S., Yamaguchi, H., e Takizawa, T. Rastreio dos efeitos antibacterianos de uma variedade de óleos essenciais em agentes patogénicos do trato respiratório, utilizando um método de ensaio de diluição modificado. *J Infect Chemother* 2001;7(4):251-254.

Inouye, S., Yamaguchi, H., e Takizawa, T. Rastreio dos efeitos antibacterianos de uma variedade de óleos essenciais em agentes patogénicos do trato respiratório, utilizando um método de ensaio de diluição modificado. *J Infect Chemother* 2001;7(4):251-254.

Irkin, R. e M. Korukluoglu, 2007. Controlo de *Aspergillus niger* com extractos de alho, cebola e alho-francês. Afr. J. Biotechnol, 6: 384-387. ISSN : 0975-5462 Vol. 3 No. 2 Feb 2011 1760

Irkin, R. e M. Korukluoglu, 2007. Controlo de *Aspergillus niger* com extractos de alho, cebola e alho-francês. Afr. J. Biotechnol, 6: 384-387.

Jacyno JM, Harwood JS, Lee MK (1993) "Isocladosporin, a biologically active isomer of cladosporin from *Cladosporium cladosporioides.*" *J Nat Prod* 56(8):1397-1401.

Jacyno JM, Harwood JS, Lee MK (1993) "Isocladosporin, a biologically active isomer of cladosporin from *Cladosporium cladosporioides.*" *J Nat Prod* 56(8):1397-1401.

Jain SK. Dictionary of Indian Folk Medicine and Ethnobotany (Dicionário de Medicina Popular Indiana e Etnobotânica). Publicações Profundas, Nova Deli. 1991; p232.

Jain, S.R.; Jain, P.R.; Jain, M.R. (1974). Avaliação antibacteriana de alguns óleos voláteis indígenas. Planta Med., 26: 196-199.

Jain, S.R.; Jain, P.R.; Jain, M.R. (1974). Avaliação antibacteriana de alguns óleos voláteis indígenas. Planta Med., 26: 196-199.

James A. Danoff-Burg, Universidade de Columbia. A Influência Terrestre: Geology and Soils (Geologia e Solos) Janet Raloff. Dirt Is Not Soil" [A sujidade não é solo]. ScienceNews 17 de julho de 2008)

James A. Danoff-Burg, Universidade de Columbia. A Influência Terrestre: Geology and Soils (Geologia e Solos) Janet Raloff. Dirt Is Not Soil" [A sujidade não é solo]. ScienceNews 17 de julho de 2008)

Jamuna R, Radhakrishna SV (1989). Produção de SCP e remoção de carga orgânica da indústria de amido de mandioca por leveduras. *J. Ferment. Bioengg.* 67: 126-131.

Janssen K (1994). Protocolos actuais em biologia molecular. Greene Publ. Assoc. Inc. e John Wiley Sons Inc., NY, EUA. Joung KB, Cote JC (2000). A review of the environmental impacts of the microbial insecticide *Bacillus thuringiensis*, Tech Bull no. 29. Hort. Res. Dev. Cent, Canadá, p.16.

Janssen K (1994). Protocolos actuais em biologia molecular. Greene Publ. Assoc. Inc. e John Wiley Sons Inc., NY, EUA. Joung KB, Cote JC (2000). A review of the environmental impacts of the microbial insecticide *Bacillus thuringiensis*, Tech Bull no. 29. Hort. Res. Dev. Cent, Canadá, p.16.

JECFA 2001. "Quinquagésima sexta reunião do Comité Misto FAO/OMS de Peritos em Aditivos Alimentares Ocratoxina A" in: Safety evaluation of certain mycotoxins in food. WHO Additives Series

47 e FAO Food and Nutrition Paper 74: 281-416.

JECFA 2001. "Quinquagésima sexta reunião do Comité Misto FAO/OMS de Peritos em Aditivos Alimentares Ocratoxina A" in: Safety evaluation of certain mycotoxins in food. WHO Additives Series 47 e FAO Food and Nutrition Paper 74: 281-416.

Johnson, D.L.; Ambrose, S.H.; Bassett, T.J.; Bowen, M.L.; Crummey, D.E.; Isaacson, J.S.; Johnson, D.N.; Lamb, P. *et al* (1997). "Significados dos termos ambientais". Journal of Environmental Quality 26: 581-589.

Johnson, T.W. e Sparrow, F.R.1961. Fungi in Oceans ands Estuaries. Cramer Weinher .M W.Germany.

Johnson, T.W. e Sparrow, F.R.1961. Fungi in Oceans ands Estuaries. Cramer Weinher .M W.Germany.

Jones, J. A. A. (1976), "Soil piping and stream channel initiation", Water Resources Research 7 (3): 602-610,

Jones, J. A. A. (1976), "Soil piping and stream channel initiation", Water Resources Research 7 (3): 602-610,

Junwei C, Weihua S, Yong P, Shuyun C (2000). Grandes produtores de poligalacturonase selecionados a partir de mutantes resistentes à rifampicina em *Bacillus* sp. NTT33 alcalófilo, *Enzyme and Microbial Technology* 27 545-548.

Junwei C, Weihua S, Yong P, Shuyun C (2000). Grandes produtores de poligalacturonase selecionados a partir de mutantes resistentes à rifampicina em *Bacillus* sp. NTT33 alcalófilo, *Enzyme and Microbial Technology* 27 545-548.

Kamal e K.S. Bhargava (1972). Estudos sobre os fungos do solo das florestas de teca de Gorakhpur, II - Uma contribuição dos Aspergilli indianos. *Mycopathologia Mycological Applicata* 119: 240-259.

Kamal e K.S. Bhargava (1972). Estudos sobre os fungos do solo das florestas de teca de Gorakhpur, II - Uma contribuição dos Aspergilli indianos. *Mycopathologia Mycological Applicata* 119: 240-259.

Kamal e K.S. Bhargava (1973). Estudos sobre os fungos do solo das florestas de teca de Gorakhpur. Factores edáficos e distribuição de microfungos do solo em povoamentos de teca de diferentes idades. *Actas da Academia Nacional de Ciências* 43(B): 9-16.

Kamal e K.S. Bhargava (1973). Estudos sobre os fungos do solo das florestas de teca de Gorakhpur. Factores edáficos e distribuição de microfungos do solo em povoamentos de teca de diferentes idades. *Actas da Academia Nacional de Ciências* 43(B): 9-16.

Kandhasamy M e Arunachalam KD. Avaliação da propriedade antibacteriana in vitro de algas marinhas da costa sudeste da Índia. *Afr. J. Biotechnol.* 2008; 7(12): 19581961.

Kandhasamy M e Arunachalam KD. Avaliação da propriedade antibacteriana in vitro de algas marinhas da costa sudeste da Índia. *Afr. J. Biotechnol.* 2008; 7(12): 19581961.

Kang, C. S., Ha, G. C, Tae, G. L. e Maheshwari, K.D. 2002 Solubilização de fosfatos inorgânicos insolúveis por um fungo que habita o solo, *Fomitopsis* sp. PS 102, *Current Science,* 82 (4), 439 - 442.

Kang, C. S., Ha, G. C, Tae, G. L. e Maheshwari, K.D. 2002 Solubilização de fosfatos inorgânicos insolúveis por um fungo que habita o solo, *Fomitopsis* sp. PS 102, *Current Science,* 82 (4), 439 - 442.

Kashyap DR, Chandra S, Kaul A, Tewari R (2000).Produção, purificação e caraterização da pectinase de um Bacillus sp. DT7, *World Journal of Microbiology&Biotechnology* 16 277-282.

Kashyap DR, Chandra S, Kaul A, Tewari R (2000).Produção, purificação e caraterização da pectinase de um Bacillus sp. DT7, *World Journal of Microbiology&Biotechnology* 16 277-282.

Kashyap DR, Chandra S, Kaul A, Tewari R (2002). Produção, purificação e caraterização da pectinase de um *Bacillus* sp. DT7, *World Journal of Microbiology & Biotechnology* 16 277-282.

Kashyap DR, Chandra S, Kaul A, Tewari R (2002). Produção, purificação e caraterização da pectinase de um *Bacillus* sp. DT7, *World Journal of Microbiology & Biotechnology* 16 277-282.

Kathiresan K e Manivannan S. Produção de amilase por *Penicillium fellutanum* isolado do solo da rizosfera de mangais. *Revista Africana de Biotecnologia.* 2006; 5: 829- 832.

Kaur S, Singh A (2000). Distribuição de estirpes *de Bacillus thuringiensis* em diferentes tipos de solo do Norte da Índia. Ind. J. Ecol. 27: 52-60.

Kaur S, Singh A (2000). Distribuição de estirpes *de Bacillus thuringiensis* em diferentes tipos de solo do Norte da Índia. Ind. J. Ecol. 27: 52-60.

Kausik, B., I. Chattopadhyey, R.K. Benerjee e U. Bandyopdyey. 2002. Actividades biológicas e propriedades medicinais do neem. *Current Science.* 82(11): 1336-1344.

Kausik, B., I. Chattopadhyey, R.K. Benerjee e U. Bandyopdyey. 2002.

Actividades biológicas e propriedades medicinais do neem. *Current Science.* 82(11): 1336-1344.

Kennedy AC, Smith KL. 1995. A diversidade microbiana do solo e a sustentabilidade do solo agrícola. Plant Soil 170:75-86

Kennedy, A.C. (1999). Diversidade bacteriana em agroecossistemas. *Agr. Ecosyst. Environ.*, 74, 65-76.

Kennedy, A.C. (1999). Diversidade bacteriana em agroecossistemas. *Agr. Ecosyst. Environ.*, 74, 65-76.

Ketkar, A.Y. e C.M. Ketkar, 1995. Várias utilizações de produtos de neem: *Usos medicinais incluindo farmacologia na Ásia,* em: H. Schmutterer (Ed.), 518-525.

Ketkar, A.Y. e C.M. Ketkar, 1995. Várias utilizações de produtos de neem: *Usos medicinais incluindo farmacologia na Ásia,* em: H. Schmutterer (Ed.), 518-525.

Khalid, M., Yang, W.J., Kishwar, N., Rajput, Z.I. & Arijo, A.G. 2006. Estudo de fungos celulolíticos do solo, duas novas espécies e um novo meio. *J. Zhejiang Univ. Sci. B*, 7(6): 459-466.

Khalid, M., Yang, W.J., Kishwar, N., Rajput, Z.I. & Arijo, A.G. 2006. Estudo de fungos celulolíticos do solo, duas novas espécies e um novo meio. *J. Zhejiang Univ. Sci. B*, 7(6): 459-466.

Khan, M. R. & Williams, S. T. (1975). Estudos sobre a ecologia dos actinomicetos no solo. VIII. Distribuição e caraterísticas dos actinomicetos acidófilos. Soil Biol Biochem 7, 345-348.

Khan, M. R. & Williams, S. T. (1975). Estudos sobre a ecologia dos actinomicetos no solo. VIII. Distribuição e caraterísticas dos actinomicetos acidófilos. Soil Biol Biochem 7, 345-348.

Kiew R, Baas P. Nyctanthes é um membro de Oleaceae. Proc. *Indian Acad. Sci.*, 1984; 93(3): 349-358.

Kingspohn K, Bader J, Kruse PV , Schugerl K (1993). Utilização da polpa de batata resultante da transformação da fécula de batata. *Proc. Biochem.* 28: 91-98.

Kjoller, A., e S. Struwe. 1980. Microfungos de folhas de amieiro vermelho em decomposição e suas utilizações de substrato. *Soil Biology and Biochemistry* 12:425-431.

Kjoller, A., e S. Struwe. 1980. Microfungos de folhas de amieiro vermelho em decomposição e suas utilizações de substrato. *Soil Biology and Biochemistry* 12:425-431.

Kjoller, A., e S. Struwe. 1992. Grupos funcionais de microfungos na decomposição. Páginas 619-630 em D. T. Wicklow, edhor. *The Fungal Community*. Marcel Dekker, Inc.. New York.

Kjoller, A., e S. Struwe. 1992. Grupos funcionais de microfungos na decomposição. Páginas 619-630 em D. T. Wicklow, edhor. *The Fungal Community*. Marcel Dekker, Inc.. New York.

Kobayashi, E; Ando, K; Nakano, H; Iida, T; Ohno, H; Morimoto, M; Tamaoki, T (1989). "Calfostinas (UCN-1028), inibidores novos e específicos da proteína quinase C. I.

Fermentação, isolamento, propriedades físico-químicas e actividades biológicas". *J. Antibiot* 42(10): 1470 -1474.

Kobayashi, E; Ando, K; Nakano, H; Iida, T; Ohno, H; Morimoto, M; Tamaoki, T (1989). "Calfostinas (UCN-1028), inibidores novos e específicos da proteína quinase C. I.

Fermentação, isolamento, propriedades físico-químicas e actividades biológicas". *J. Antibiot* 42(10): 1470 -1474.

Kohne, John Maximilian; Koehne Sigrid, Simunek Jirka (2009), "A review of model applications for structured soils: a) Water flow and tracer transport", Journal of Contaminant Hydrology 104 (1-4): 4-35.

Kollar A (1997). Caracterização de uma endopoligalacturonase produzida pelo fungo da sarna da maçã, *Venturia inaequalis* , *Mycology Resrarch* 102 313-319.

Kollar A (1997). Caracterização de uma endopoligalacturonase produzida pelo fungo da sarna da maçã, *Venturia inaequalis* , *Mycology Resrarch* 102 313-319.

Kollar A (1998) . Caracterização de uma endopoligalacturonase produzida pelo fungo da sarna da maçã, Venturia inaequalis , *Mycology Resrarch* 102 313-319.

Kollar A (1998) . Caracterização de uma endopoligalacturonase produzida pelo fungo da sarna da maçã, Venturia inaequalis , *Mycology Resrarch* 102 313-319.

Krauze-Baranowska, M., Mardarowicz, M., Wiwart, M., Poblocka, L. e Dynowska, M. 2002. Atividade antifúngica dos óleos essenciais de algumas espécies do género *Pinus*. Z. Natur-forsch. 572: 478- 482.

Krishnaraju AV, Rao VN, Sundararaju D, Vanisree M, Subbaraju GV. Avaliação da bioatividade da planta medicinal indiana utilizando o ensaio de letalidade do camarão de salmoura. *Intl. J. Appl. Eng.*, 2005; 3(2): 125-134.

Krishnaraju AV, Rao VN, Sundararaju D, Vanisree M, Subbaraju GV. Avaliação da bioatividade da planta medicinal indiana utilizando o ensaio de letalidade do camarão de salmoura. *Intl. J. Appl. Eng.*, 2005; 3(2): 125-134.

Kuhn, D.M. & Ghannoum, M.A. 2003. Bolor de interior, fungos toxigénicos e *Stachybotrys chartarum*:

Kuhn, D.M. & Ghannoum, M.A. 2003. Bolor de interior, fungos toxigénicos e *Stachybotrys chartarum*:

Kumar VK, Ravi Sankar N, Ramya S, Sahaja RV, Saritha K, Reddy KG, Naidu NV. Rastreio fitoquímico e atividade antimicrobiana do extrato de folhas de *Mirabilis jalapa* contra microrganismos patogénicos. Intl. J. Phytomedicine, 2010; 2: 402-407.

Kumar VK, Ravi Sankar N, Ramya S, Sahaja RV, Saritha K, Reddy KG, Naidu NV. Rastreio fitoquímico e atividade antimicrobiana do extrato de folhas de *Mirabilis jalapa* contra microrganismos patogénicos. Intl. J. Phytomedicine, 2010; 2: 402-407.

Kumarasamy S (2008). Pesticidas espúrios, uma ameaça crescente que está a arruinar a economia dos agricultores. *Pestology* 32(6), 15.

Kumarasamy S (2008). Pesticidas espúrios, uma ameaça crescente que está a arruinar a economia dos agricultores. *Pestology* 32(6), 15.

Kundu AK, DAs S, Gupta TK. Influence of culture and nutritional conditions on the production of amylase by the submerged culture of Aspergillus oryzae. *J. Ferment. Technol.* 1973; 51: 142-150.

Kusuda, M., M. Nagai, T.C. Hur, M. Ueda e T. Terashita, 2003. Purificação e algumas propriedades da "-amilase de um fungo ectomicorrízico, *Tricholoma matsutake*. Mycoscience, 44: 311-317.

Kusuda, M., M. Nagai, T.C. Hur, M. Ueda e T. Terashita, 2003. Purificação e algumas propriedades da "-amilase de um fungo ectomicorrízico, *Tricholoma matsutake*. Mycoscience, 44: 311-317.

Kuzmanova S, Vandeska E, Dimitrovski A (1991). Produção de proteínas miceliais e enzimas celulolíticas a partir de resíduos alimentares. *J. Ind. Microbiol. Biotechnol.*,21(8- 9): 1603-1609.

Kuzmanova S, Vandeska E, Dimitrovski A (1991). Produção de proteínas miceliais e enzimas celulolíticas a partir de resíduos alimentares. *J. Ind. Microbiol. Biotechnol.*, 21(89): 1603-1609.

Lacey J (1973). Actinomycetales: Characteristics and Practical mportance. Editado por G. Sykes e F. Skinner. Série de Simpósios da Sociedade de Bacteriologia Aplicada. Academic Press London- New York, p. 2.

Lacey J (1973). Actinomycetales: Characteristics and Practical mportance. Editado por G. Sykes e F. Skinner. The Society for Applied Bacteriology Symposium Series. Academic Press London- New York, p. 2.

Lal, S.K., Nath e S.C. Saxena, 1980. Utilização de pesticidas e produtos naturais no controlo de *Sclerospora sacchari* no milho. Tropical Pest Management, 26: 286-292

Lal, S.K., Nath e S.C. Saxena, 1980. Utilização de pesticidas e produtos naturais no controlo de *Sclerospora sacchari* no milho. Tropical Pest Management, 26: 286-292

Leam,F. eB . A. Gashe, 1994. Produção de amilase por uma bactéria gram-positiva isolada de tef em fermentação (Eragrostis tef). *J. Appl. Bacteriol.*, 77: 348-352.

Leam,F. eB . A. Gashe, 1994. Produção de amilase por uma bactéria gram-positiva isolada de tef em fermentação (Eragrostis tef). *J. Appl. Bacteriol.*, 77: 348-352.

Lev E. Ethno-diversity within current ethno-pharmacology as part of Israeli traditional medicine-A review. Jornal de Etno-biologia e Etnomedicina, 2006; 2: 4-6.

Lev E. Ethno-diversity within current ethno-pharmacology as part of Israeli traditional medicine-A review. Jornal de Etno-biologia e Etnomedicina, 2006; 2: 4-6.

Li, M.G., M. Osaki, M. Honma e T.Tandano, 1997. Purificação e caraterização da fitase induzida em raízes de tomate em condições de deficiência de fósforo. *J. Plant Nutr. Soil Sci.*, 43: 179-190.

Li, M.G., M. Osaki, M. Honma e T.Tandano, 1997. Purificação e caraterização da fitase induzida em raízes de tomate em condições de deficiência de fósforo. *J. Plant Nutr. Soil Sci.*, 43: 179-190.

Lich, M.A. Biogeografia de espécies de *Aspergillus* no solo e na folhada. *Mycologia* 2002, 94, 21-27.

Lich, M.A. Biogeografia de espécies de Aspergillus no solo e na folhada. Mycologia 2002, 94, 21-27.

Liesack W, Schnell S, Resbech NP (2000). Microbiologia de arrozais inundados. FEMS *Microbiol. Rev.* 24: 625-645.

Liesack W, Schnell S, Resbech NP (2000). Microbiologia de arrozais inundados. FEMS *Microbiol. Rev.* 24: 625-645.

Lin, L.L., C.C. Chyau e W.H. Hsu, 1998. Produção e propriedades de uma amilase degradativa de amido cru de *Bacillus* sp. TS-23 termofílico e alcalifílico. Biotechnol. *Appl. Biochem.*, 28: 61-68.

Lin, L.L., C.C. Chyau e W.H. Hsu, 1998. Produção e propriedades de uma amilase degradativa de amido cru de *Bacillus* sp. TS-23 termofílico e alcalifílico. Biotechnol. *Appl. Biochem.*, 28: 61-68.

Loreau, M. 2001. Microbial diversity, producer-decomposer interactions and ecosystem processes: a theoretical model. Actas da Sociedade Real de Londres B 268:303-309.

Loreau, M. 2001. Microbial diversity, producer-decomposer interactions and ecosystem processes: a theoretical model. Actas da Sociedade Real de Londres B 268:303-309.

Loreau, M., e A. Hector. 2001. Partição da seleção e complementaridade em experiências de biodiversidade. *Nature* 412: 72-76.

Loreau, M., e A. Hector. 2001. Partição da seleção e complementaridade em experiências de biodiversidade. *Nature* 412: 72-76.

Loreau, M., S. Naeem, P. Inchausti, J. Bengtsson, J. P. Grime, A. Hector, D. U. Hooper, M. A. Huston, D. Raffaelli, B. Schmid, D. Tilman e D. A. Wardle. 2001. Biodiversity and ecosystem functioning: current knowledge and future challenges. *Science* 294:804-808.

Loreau, M., S. Naeem, P. Inchausti, J. Bengtsson, J. P. Grime, A. Hector, D. U. Hooper, M. A. Huston, D. Raffaelli, B. Schmid, D. Tilman e D. A. Wardle. 2001. Biodiversity and ecosystem functioning: current knowledge and future challenges. *Science* 294:804-808.

Lowry OH, Rosebrough NJ, Farr AL, Randall RJ (1951). Medição de proteínas com os reagentes de Folin-Phenol. *J. Biol. Chem.* 48: 17-25.

Lozoya M, Lozoya X. Propriedades farmacológicas *in-vitro* de vários extractos de *Mimosa pudica* L. Tepescohuite Arch Invest Mex., 1990; 6: 87-93.

Lozoya M, Lozoya X. Propriedades farmacológicas *in-vitro* de vários extractos de *Mimosa pudica* L. Tepescohuite Arch Invest Mex., 1990; 6: 87-93.

Luis Henrique S. Guimaraes; (2006) Simone C. Peixoto-Nogueira , Michele Michelin Ana Carolina S. Rizzatti ; Valéria C. Sandrim; Fabiana F. Zanoelo ; Ana Carla M.M. Aquino; Altino B. Junior; Maria de Lourdes T.M. Polizeli. *Revista Brasileira de Microbiologia* (2006) 37:474-480.

Luis Henrique S. Guimaraes; (2006) Simone C. Peixoto-Nogueira , Michele Michelin Ana Carolina S. Rizzatti ; Valéria C. Sandrim; Fabiana F. Zanoelo ; Ana Carla M.M. Aquino; Altino B. Junior; Maria de Lourdes T.M. Polizeli. *Revista Brasileira de Microbiologia* (2006) 37:474-480.

Lyn Abbott & Daniel Murphy. (2003) Australian book Soil biological fertility:A key to sustainable land use in agriculture.

Lyn Abbott & Daniel Murphy. (2003) Australian book Soil biological fertility:A key to sustainable land use in agriculture .

M. N. Abubackerl, e S. VasanthaActividade antibacteriana do extrato etanólico da folha de *Andrographis paniculata* Nees (Acanthaceae) e do seu composto bioativo Andrographolide . L. N. Abubacker et al. / Drug Invention Today 2010, 2(10),440-442

M. N. Abubackerl, and S. Vasantha.Antibacterial Activity of Ethanolic Leaf Extract of *Andrographis paniculata* Nees (Acanthaceae) and Its Bioactive Compound Andrographolide. L. N. Abubacker et al. / Drug Invention Today 2010, 2(10), 440-442.

MacGregor, E. A. Structure and activity of some starch-metabolizing enzymes (Estrutura e atividade de algumas enzimas metabolizadoras de amido). Prog. Biotechnol, 12, 109-124, 1996.

MacGregor, E. A. Structure and activity of some starch-metabolizing enzymes (Estrutura e atividade de algumas enzimas metabolizadoras de amido). Prog. Biotechnol., 12, 109-124, 1996

Mach R, Zeielinger S (2003). Regulação da expressão genética em fungos industriais *Trichoderma. Appl. Microbiol. Biotechnol.*, 60: 515-522.

Mach R, Zeielinger S (2003).Regulação da expressão genética em fungos industriais *Trichoderma.* Appl. Microbiol. Biotechnol, 60: 515-522.

Madhusudan Rao, M. e C. Manoharachary (1981). Studies on he myco-ecology of two pond muds and forest soils of Mannaur Forest, Andhra Pradesh. *Indian Journal of Botany* 4(2): 137-148.

Madhusudan Rao, M. e C. Manoharachary (1981). Studies on the myco-ecology of two pond muds and forest soils of Mannaur Forest, Andhra Pradesh. *Indian Journal of Botany* 4(2): 137-148.

Madsen GB, Norman BE, Slott S(1973). Uma nova amilase bacteriana estável ao calor e a sua utilização na liquefação do amido a alta temperatura. Die Starke. 25: 304-308

Mahaffee WF, Kloepper JW. 1997. Bacterial communities of the rhizosphere and endorhiza associatedwithfield-grown cucumber plants inoculated with plant growthpromoting rhizobacterium or it's genetically modified derivative. *Can.J. Microbiol.* 43:34453

Mahaffee WF, Kloepper JW. 1997. Comunidades bacterianas da rizosfera e endorhiza associadas a plantas de pepino cultivadas no campo, inoculadas com rizobactérias promotoras do crescimento de plantas ou com o seu derivado geneticamente modificado. *Can. J. Microbiol.* 43:34453

Majumdar, A.M., A.S. Upadhyay e A.M. Pradhan, 1998. Efeito do extrato de folha de Azadirachta Indica nos danos hepáticos induzidos pelo carbontetracloreto em ratos albinos. *Indian J. Pharm. Sci.,* 60: 363-367.

Majumdar, A.M., A.S. Upadhyay e A.M. Pradhan, 1998. Efeito do extrato de folha de Azadirachta

Indica nos danos hepáticos induzidos pelo carbontetracloreto em ratos albinos. *Indian J. Pharm. Sci.*, 60: 363-367.

Malele, R.S.; Mutayabarwa, C.K.; Mwangi, J.W.; Thoithi, G.N.; Lopez, A.G.; Lucini, E.I.; Zygadlo, J.A. (2003). Óleo Essencial de *Hyptis suaveolens* (L.) Poit. da Tanzânia: composição e atividade antifúngica. J. Essent. Oil Res., 15: 438-440.

Malele, R.S.; Mutayabarwa, C.K.; Mwangi, J.W.; Thoithi, G.N.; Lopez, A.G.; Lucini, E.I.; Zygadlo, J.A. (2003). Óleo Essencial de *Hyptis suaveolens* (L.) Poit. da Tanzânia: composição e atividade antifúngica. J. Essent. Oil Res., 15: 438-440.

Manoharachary, C. (1977).Ecologia microbiana de solos de matagal e terrenos baldios secos do distrito de Hyderabad. Andhra Pradesh (Índia). *Actas da Academia Nacional de Ciências da Índia* 43: 6-18.

Manoharachary, C. (1977).Ecologia microbiana de solos de matagal e terrenos baldios secos do distrito de Hyderabad. Andhra Pradesh (Índia). *Actas da Academia Nacional de Ciências da Índia* 43: 6-18.

Manoharachary, C., V.R.T. Reddy e U. Prasad (1989). Estudos de população e fenologia de fungos em solos de floresta de selva de Andhra Pradesh, Índia. *Geophytology* 19(2): 131-139.

Manoharachary, C., V.R.T. Reddy e U. Prasad (1989). Estudos de população e fenologia de fungos em solos de floresta de selva de Andhra Pradesh, Índia. *Geophytology* 19(2): 131-139

Manoharachary, C., V.R.T. Reddy e U. Prasad (1990). Distribuição e fenologia dos fungos do solo que suportam a vegetação florestal. *Geophytology* 20(2): 58-70.

Manoharachary, C., V.R.T. Reddy e U. Prasad (1990). Distribuição e fenologia dos fungos do solo que suportam a vegetação florestal. *Geophytology* 20(2): 58-70.

Maragathavalli, S., S.,Kaviyarasi, N.S., B. Annadurai, B. e Gangwar, S.K., (2012) Atividade antimicrobiana do extrato de folhas de Neem (*Azadirachta indica* linn.). *O* que *é que o homem tem?* 3(1) 2012: 110-113.

Maragathavalli, S., S.,Kaviyarasi, N.S., B. Annadurai, B. e Gangwar, S.K., (2012) Atividade antimicrobiana do extrato de folhas de Neem (*Azadirachta indica* linn.). *O* que *é que o homem tem?* 3(1) 2012: 110-113

Maria S, Celestino C, Maria de Freitas S (2001) Purificação e caraterização de uma nova pectinase de *Acrophialophora nainiana* com ênfase nas suas propriedades físico-químicas, *Journal of Biotechnology* 123 33-42.

Maria S, Celestino C, Maria de Freitas S (2001) Purificação e caraterização de uma nova pectinase de *Acrophialophora nainiana* com ênfase nas suas propriedades físico-químicas, *Journal of Biotechnology* 123 33-42.

Maria S, Celestino C, Maria de Freitas S (2006) Purificação e caraterização de uma nova pectinase de *Acrophialophora nainiana* com ênfase nas suas propriedades físico-químicas, *Journal of Biotechnology*

123 33-42.

Maria S, Celestino C, Maria de Freitas S (2006) Purificação e caraterização de uma nova pectinase de *Acrophialophora nainiana* com ênfase nas suas propriedades físico-químicas, *Journal of Biotechnology* 123 33-42.

Matasyoh, J.C., I.N. Wagara, J.L. Nakavuma e A.M. Kiburai, 2011. Composição química do óleo essencial *de Cymbopogon citratus* e o seu efeito em espécies micotoxigénicas *de Aspergillus*. Afr. J. Food Sci., 5: 138-142.

Matasyoh, J.C., I.N. Wagara, J.L. Nakavuma e A.M. Kiburai, 2011. Composição química do óleo essencial *de Cymbopogon citratus* e o seu efeito em espécies micotoxigénicas *de Aspergillus*. Afr. J. Food Sci., 5: 138-142.

May, R. M., J. H. Lawton, e N. E. Stork. 1995. Assessing extinction rates. Páginas 1-24 em J. H. Lawton e R. M. May, editores. Extinction rates. Oxford University Press, Oxford, Reino Unido.

May, R. M., J. H. Lawton, e N. E. Stork. 1995. Assessing extinction rates. Páginas 1-24 em J. H. Lawton e R. M. May, editores. Extinction rates. Oxford University Press, Oxford, Reino Unido.

Mehta V, Gupta JK. Biobleaching of Eucalyptus Kraft Pulp with *Phaenero ChaeteChrysosporium* and its Effect on Paper Properties. EUA: Tappi; 1992. pp. 151-152.

Mehta V, Gupta JK. Biobleaching of Eucalyptus Kraft Pulp with *Phaenero ChaeteChrysosporium* and its Effect on Paper Properties. EUA: Tappi; 1992. pp. 151-152.

Mehta V, Gupta JK. Biotecnologia na indústria da pasta e do papel. Research and Industry. 1991;36:161-167.

Mehta V, Gupta JK. Biotecnologia na indústria da pasta e do papel. Research and Industry. 1991;36:161-167.

Mejlholm, O. and Dalgaard, P. Antimicrobial effect of essential oils on the seafood spoilage micro-organism *Photobacterium phosphoreum* in liquid media and fish products. *Lett Appl Microbiol* 2002;34(1):27-31.

Mejlholm, O. and Dalgaard, P. Antimicrobial effect of essential oils on the seafood spoilage micro-organism *Photobacterium phosphoreum* in liquid media and fish products. *Lett Appl Microbiol* 2002;34(1):27-31.

Melo, S. F., Soares, S. F., da Costa, R. F., da Silva, C. R., de Oliveira, M. B., Bezerra, R. J., Caldeira-de-Araujo, A., e Bernardo-Filho, M. Efeito dos extractos *de Cymbopogon citratus*, Maytenus ilicifolia e Baccharis genistelloides contra o dano oxidativo do cloreto estanoso em *Escherichia coli*. *Mutat Res* 9-20-2001; 496 (1-2):33-38. 11551478

Melo, S. F., Soares, S. F., da Costa, R. F., da Silva, C. R., de Oliveira, M. B., Bezerra, R. J., Caldeira-de-Araujo, A., e Bernardo-Filho, M. Efeito dos extractos *de Cymbopogon citratus*, Maytenus ilicifolia e Baccharis genistelloides contra o dano oxidativo do cloreto estanoso em *Escherichia coli*. *Mutat Res* 9-20-2001;496(1-2):33-38. 11551478

Michael E. Ritter. Factors Affecting Soil Development, Soil Systems, The Physical Environment: an Introduction to Physical Geography, Universidade de Wisconsin, Stevens Point, 1 de outubro de 2009, consultado em 3 de janeiro de 2012.

Michael E. Ritter. Factors Affecting Soil Development, Soil Systems, The Physical Environment: an Introduction to Physical Geography, Universidade de Wisconsin, Stevens Point, 1 de outubro de 2009, consultado em 3 de janeiro de 2012.

Micheli, P.A. Nova Plantarum General Juxta Tournefortii Methodum Disposita; Typis Bernardi Paperinii: Florença, Itália, 1729.

Micheli, P.A. Nova Plantarum General Juxta Tournefortii Methodum Disposita; Typis Bernardi Paperinii: Florença, Itália, 1729.

Miller GL (1959) Utilização do reagente de ácido dinitrosalicílico para a determinação de açúcares redutores. Analytical Chemistry 31, 426&428

Miller GL (1959) Utilização do reagente de ácido dinitrosalicílico para a determinação de açúcares redutores. Analytical Chemistry 31, 426&428

Miller GL (1959). Utilização do reagente de ácido dinitro salicílico para a determinação de açúcares redutores. *Anal. Chem.* 31:426-429.

Miller, J.H., J.E. Giddins e A.A. Foster (1957).A survey of fungi of forest and cultivated soils of Georgia. *Mycologia* 49: 779-808.

Miller, J.H., J.E. Giddins e A.A. Foster (1957).A survey of fungi of forest and cultivated soils of Georgia. *Mycologia* 49: 779-808.

Minayeva, T. Yu.; Trofimov S. Ya., Chichagova O.A., Dorofeyeva E.I., Sirin A.A., Glushkov I.V., Mikhailov N.D. & Kromer B. (2008), "Carbon accumulation in soils of forest and bog ecosystems of southern Valdai in the Holocene", Biology Bulletin 35 (5): 524-532.

Mirzaakhmedov Sh.Ya., Ziyavitdinov Zh.F., Akhmedova Z.R., Saliev A.B., Ruzmetova D.T., Ashurov Kh.B., Dimitrios Fessas, Iametti S., 2007. Isolamento, purificação e atividade enzimática dos componentes da celulase do fungo *Aspergillus terreus*. Química dos compostos naturais. 43(5): 594-597.

Mirzaakhmedov Sh.Ya., Ziyavitdinov Zh.F., Akhmedova Z.R., Saliev A.B., Ruzmetova D.T., Ashurov Kh.B., Dimitrios Fessas, Iametti S., 2007. Isolamento, purificação e atividade enzimática dos componentes da celulase do fungo *Aspergillus terreus*. Química dos compostos naturais. 43(5): 594-597.

Mishra, R. e R. Maheshwari, 1996. Amilases do fungo termofílico *Thermomyces lanuginosus*: A sua purificação, propriedades, ação sobre o amido e resposta ao calor. J. Biosci., 21(5): 653-672.

Mishra, R. e R. Maheshwari, 1996. Amilases do fungo termofílico *Thermomyces lanuginosus*: A sua purificação, propriedades, ação sobre o amido e resposta ao calor. J. Biosci., 21(5): 653-672.

Mishra, A. K. e Dubey, N. K. 1994. Avaliação de alguns óleos essenciais quanto à sua toxicidade contra fungos que causam a deterioração de produtos alimentares armazenados. Appl. Environ. Microbiol. 60: 1101-1105.

Mishra, A. K. e Dubey, N. K. 1994. Avaliação de alguns óleos essenciais quanto à sua toxicidade contra fungos que causam a deterioração de produtos alimentares armazenados. Appl. Environ. Microbiol. 60: 1101-1105.

Mitchell DA, Lonsane BK (1990). In: General principles of Solid State fermentation, Monogram, ed by Doelle HW, Rolz C. Publication of Oxford London.

Mitidieri S, MArtinelli SAH, Augusto S e Marilene HV. Formulação de detergente enzimático contendo amilase de *Aspergillus niger*: Um estudo comparativo com formulações comerciais de detergentes. *Bioresour. Technol.* 2006; 97: 1217-1224.

Mndali , N. K.; Mojumdar., A.; Chatterje, S. K.; banerjee, A.; Datta, J.K.; Gupta, S.Actividades antifúngicas e caraterização química de extractos de folhas de Neem sobre o crescimento de algumas espécies de fungos selecionadas em meio de cultura in vitro.*J. Appl. Sci. Environ.* Manage. 2009 Vol. 13(1) 49 - 53

Mndali,N. K.; Mojumdar, A.; Chatterje, S. K.; banerjee, A.; Datta, J.K.; Gupta, S. Actividades antifúngicas e caraterização química de extractos de folhas de Neem sobre o crescimento de algumas espécies fúngicas selecionadas em meio de cultura in vitro.*J. Appl. Sci. Environ.* Manage. 2009 Vol. 13(1) 49 - 53

Moeckel, Claudia; Nizzetto Luca, Di Guardo Antonio, Steinnes Eiliv, Freppaz Michele, Filippa Gianluca, Camporini Paolo, Benner Jessica, Jones Kevin C. (2008), "Persistent organic pollutants in boreal and montane soil profiles: distribution, evidence of processes and implications for global cycling", Environmental Science and Technology 42 (22): 8374-8380

Mohanty, R.B. e T. Panda (1994).Estudos ecológicos dos microfungos do solo numa floresta tropical do Sul de Orissa em relação à desflorestação e ao cultivo. *Journal of Indian Botanical Society* 73: 213.

Mohanty, R.B. e T. Panda (1994).Estudos ecológicos dos microfungos do solo numa floresta tropical do Sul de Orissa em relação à desflorestação e ao cultivo. *Journal of Indian Botanical Society* 73: 213.

Mona Gouda e Yasser Elbahloul, (2008) World Journal of Agricultural Sciences 4 (3): 359-368, 2008

Mona Gouda e Yasser Elbahloul, (2008) World Journal of Agricultural Sciences 4 (3): 359-368, 2008

Morris PF, Bone E, Tyler BM. 1998. Chemotropic and contact responses of *Phytophthora sojae* hyphae to soybean isoflavonoids and artificial substrates. Plant Physiol. 117:1171-78

Morris PF, Bone E, Tyler BM. 1998. Chemotropic and contact responses of *Phytophthora sojae* hyphae to soybean isoflavonoids and artificial substrates. Plant Physiol. 117:1171-78

Morris PF, Bone E, Tyler BM. 1998. Chemotropic and contact responses of *Phytophthora sojae* hyphae to soybean isoflavonoids and artificial substrates. Plant Physiol. 117:1171-78

Morris PF, Bone E, Tyler BM. 1998. Chemotropic and contact responses of *Phytophthora sojae* hyphae to soybean isoflavonoids and artificial substrates. Plant Physiol. 117:1171-78

Mukerjee SK e Majumdar SK. Produção fermentativa de alfa amilase *por Aspergillus flavus. Indian J. Exp. Biol.* 1993; 11: 436-438.

Murashima K, Nashimura T, Nakamura Y, Koga J, Moriya T, Sumida N, Ygucei T, Kono T (2002). Purificação e caraterização de uma nova endo-1, 4 -B -D - glucanase de *Rhizopus Oryzae. Enzy. Microbiol. Technol.*, 30: 319-326.

Murashima K, Nashimura T, Nakamura Y, Koga J, Moriya T, Sumida N, Ygucei T, Kono T (2002). Purificação e caraterização da nova endo-1, 4 - B -D - glucanase de *Rhizopus Oryzae. Enzy. Microbiol. Technol.*, 30: 319-326.

MyrbrackK , Neumuller G(1950). in Sumner, JB, Myrbrack K (eds). The enzyme : chemistry and mechanisms of action 1 st ed Vol.1 *Academic Press*, New York.

Nandakumar MP, Thakur MS, Raghavarao KSMS e Ghildayal NP. Estudos sobre a repressão de catabolitos na fermentação em estado sólido para a biossíntese de amilases fúngicas. Lett. *Appl. Microbiol.* 1999; 29: 380-384.

Nannipieri P, Ascher J, Ceccherini MT, Landi L, Pietramellara G, Renella G (2003). Diversidade microbiana e funções do solo. Eur. J. Soil Sci. 54: 655-670.

Nannipieri P, Ascher J, Ceccherini MT, Landi L, Pietramellara G, Renella G (2003). Diversidade microbiana e funções do solo. Eur. J. Soil Sci. 54: 655-670.

Neath PHA (1986). Bastonetes e cocos gram-positivos formadores de endosporos. In: Sneath PHA, Main NS, Sharp ME, Holt JG (eds). Bergey's manual of systematic bacteriology. Williams and Wilkins, Baltimore.

Neath PHA (1986). Bastonetes e cocos gram-positivos formadores de endosporos. In: Sneath PHA, Main NS, Sharp ME, Holt JG (eds). Bergey's manual of systematic bacteriology. Williams and Wilkins, Baltimore.

Nemade, L.C., Patil, V. R. 2009. Fungos aquáticos de Melghat- I. Biodiversidade", Sustanable

Nemade, L.C., Patil, V. R. 2009. Fungos aquáticos de Melghat-I. Biodiversity," Sustanable Development & Human Welfare, Proceeding of National Conference pp.191195.

Nevalainen H, Te'o VSJ. Enzyme Production in Industrial Fungi-Role of Molecular Genetics (Produção de enzimas em fungos industriais - papel da genética molecular). In: Arora DK, editor. *Applied*

Mycology and Biotechnology, Vol. 3, Fungal Genomics. Elsevier Science; 2003.

Nevalainen H, Te'o VSJ. Enzyme Production in Industrial Fungi-Role of Molecular Genetics (Produção de enzimas em fungos industriais - papel da genética molecular). In: Arora DK, editor. *Applied Mycology and Biotechnology*, Vol. 3, Fungal Genomics. Elsevier Science; 2003.

Newmann DJ, Cragg GM. Natural products as sources of new drugs over the last 25 years. *J. Nat. Prod.*, 2007; 70(3): 461-477.

Newmann DJ, Cragg GM. Natural products as sources of new drugs over the last 25 years. *J. Nat. Prod.*, 2007; 70(3): 461-477.

Nguefack, J., Budde, B. B., e Jakobsen, M. Cinco óleos essenciais de plantas aromáticas dos Camarões: a sua atividade antibacteriana e capacidade de permeabilizar a membrana citoplasmática de *Listeria innocua* examinada por citometria de fluxo. *Lett Appl Microbiol* 2004;39(5):395-400.

Nguefack, J., Budde, B. B., e Jakobsen, M. Cinco óleos essenciais de plantas aromáticas dos Camarões: a sua atividade antibacteriana e capacidade de permeabilizar a membrana citoplasmática de *Listeria innocua* examinada por citometria de fluxo. *Lett Appl Microbiol* 2004;39(5):395-400.

Nigam. P. and Singh D. Enzymes and microbial enzymes involved in starch processing enzymes *Microb. Technol.* 1995; 17: 770-778.

Niranjane, A.P., P. Madhou e T.W. Stevenson. 2007. O efeito de fontes de carbono de hidratos de carbono na produção de celulase por *Phlebia gigantean*. *Enzyme Microbial Technol*, 40: 1464-1468.

Nitta T. 1991. Diversidade da flora de fungos radiculares: suas implicações para as doenças transmitidas pelo solo e o crescimento das culturas. *Jpn. Agric.Res.* 25:6-11

Nitta T. 1991. Diversidade da flora de fungos radiculares: suas implicações para as doenças transmitidas pelo solo e o crescimento das culturas. *Jpn. Agric.Res.* 25:6-11

Noronha, E.F., A. Kipnis, A.P.J. Kipinis e C.J. Ulhoa. 2000. Regulação da síntese de 36 kDa 1-3 glucanase em *Trichoderma harzianum*. *FEMS Microbiol Lett.*, 188: 19-22.

O.O. Ojo, I.I Anibijuwon e O.O. Ojo (2010) Estudos sobre extractos de três plantas medicinais do sudoeste da Nigéria: *Hoslundia opposita,Lantana camara* e *Cymbopogon citrates.Advances in Natural and Applied Sciences, 4(1): 93-98, 2010*

O.O. Ojo, I.I Anibijuwon e O.O. Ojo (2010) Estudos sobre extractos de três plantas medicinais do sudoeste da Nigéria: *Hoslundia opposita,Lantana camara* e *Cymbopogon citrates.Advances in Natural and Applied Sciences, 4(1): 93-98, 2010*

Oerke E C; Dehne H W; Schonbeck F; Webber A (1994). *Crop Protection and Crop Production.* Elsivier: Amesterdão.

Oerke E C; Dehne H W; Schonbeck F; Webber A (1994). *Crop Protection and Crop Production.* Elsivier: Amesterdão.

Ogel, Z.B., K. Yarangumeli, H. Du e J. Ifrij. 2001. Cultivo submerso de *Scytalidium*

Ohno, T., Kita, M., Yamaoka, Y., Imamura, S., Yamamoto, T., Mitsufuji, S., Kodama, T., Kashima, K., e Imanishi, J. Antimicrobial activity of essential oils against *Helicobacter pylori. Helicobacter* 2003;8(3):207-215.

Ohno, T., Kita, M., Yamaoka, Y., Imamura, S., Yamamoto, T., Mitsufuji, S., Kodama, T., Kashima, K., e Imanishi, J. Antimicrobial activity of essential oils against *Helicobacter pylori. Helicobacter* 2003;8(3):207-215.

Ohno, T., Kita, M., Yamaoka, Y., Imamura, S., Yamamoto, T., Mitsufuji, S., Kodama, T., Kashima, K., e Imanishi, J. Antimicrobial activity of essential oils against *Helicobacter pylori. Helicobacter* 2003;8(3):207-215.

Ohno, T., Kita, M., Yamaoka, Y., Imamura, S., Yamamoto, T., Mitsufuji, S., Kodama, T., Kashima, K., e Imanishi, J. Antimicrobial activity of essential oils against *Helicobacter pylori. Helicobacter* 2003;8(3):207-215.

Ohtonen, R., Aikio, S. & Vare, H. 1997. Teorias ecológicas na biologia do solo. *Soil Biology and Biochemistry,* 29, 1613-1619.

Ohtonen, R., Aikio, S. & Vare, H. 1997. Teorias ecológicas na biologia do solo. *Soil Biology and Biochemistry*, 29, 1613-1619.

Okolo B.N., Ezeogu L.I. & Mba C.I. (1995). Produção de amilase digestora de amido cru por *Aspergillus niger* cultivado em fontes de amido nativo. *Journal of the Science of Food andAgriculture* 69: 109-115.

Okolo B.N., Ezeogu L.I. & Mba C.I. (1995). Produção de amilase digestora de amido cru por *Aspergillus niger* cultivado em fontes de amido nativo. *Journal of the Science of Food andAgriculture* 69: 109-115.

Okolo, B.N., F.S. Ire, L.I. Ezeogu, C.U. Anyanwu e F.J.C. Odibo, 2000. Purificação e algumas propriedades de uma nova amilase digestora de amido cru de *Aspergillus carbonarius*. J. Sci. Food Agric., 81: 329-336.

Okolo, B.N., F.S. Ire, L.I. Ezeogu, C.U. Anyanwu e F.J.C. Odibo, 2000. Purificação e algumas propriedades de uma nova amilase digestora de amido cru de *Aspergillus carbonarius*. J. Sci. Food Agric., 81: 329-336.

Oksanen, T., Pere, J., Paavilaninen, L., Buchert, J e Viikari, L.(2000) Treatment of recycled pulps with *Trichoderma reesei* hemicellulases and cellulases. *J.Biotechnol.* 78, 39-48.

Oksanen, T., Pere, J., Paavilaninen, L., Buchert, J e Viikari, L.(2000) Treatment of recycled pulps with *Trichoderma reesei* hemicellulases and cellulases. *J.Biotechnol.* 78, 39-48.

Oliveira, M.J.; Campos, I.F.P.; Oliveira, C.B.A.; Santos, M.R.; Souza, P.S.; Santos, S.C.; Seraphin, J.C.; Ferri, P.H. (2005). Influência da fase de crescimento na composição do óleo essencial de *Hyptis suaveolens*. Biochem. System. Ecol., 33: 275-285.

Oliveira, M.J.; Campos, I.F.P.; Oliveira, C.B.A.; Santos, M.R.; Souza, P.S.; Santos, S.C.; Seraphin, J.C.; Ferri, P.H. (2005). Influência da fase de crescimento na composição do óleo essencial de *Hyptis suaveolens*. Biochem. System. Ecol., 33: 275-285.

Onawunmi, G. O. Estudos in vitro sobre a atividade antibacteriana do fenoxietanol em combinação com óleo de erva-príncipe. Pharmazie1988;43(1):42-44.
Onawunmi, G. O. Estudos in vitro sobre a atividade antibacteriana do fenoxietanol em combinação com óleo de erva-príncipe. Pharmazie1988;43(1):42-44.
Owolabi MA, Coker HAB, Jaja SI. Metabolitos flavanóides na urina após administração oral do extrato aquoso de *Persea Americana* a ratos. *J. Nat. Med.*, 2007; 61: 200-204.

Pandey A, Palni LMS, Coulomb N. 1997. /2007 Antifungal activity of bacteria isolated from the rhizosphere of established tea bushes Microbiological Research 152, 105-112.
Pandey A, Palni LMS, Coulomb N. 1997. /2007 Antifungal activity of bacteria isolated from the rhizosphere of established tea bushes Microbiological Research 152, 105-112.
Pandey A, Nigam P, Selvakumar P, Soccol CR (1999). Fermentação em estado sólido para a produção de enzimas industriais. *Curr. Sci.* 77:149-162.

Pandey A, Nigam P, Soccol VT, Singh D, Mohan R (2000b). Advances in microbial amylases, Biotechnol. *Appl. Biochem.* 31:135-152.

Pandey A, Selvakumar P e Ashakumary L. Glucose production by Aspergillus niger on rice barn is improved by addition of nitrogen sources. *World J. Microbiol. Biotechnol.* 1994; 10: 348-349.

Pandey A, Soccol CR , Nigam P, Brand D, Mohan R, Roussoss S (2000c). Biotechnology potential of agroindustrial residues, Part II. Cassava bagasse. *Biores. Technol.* 74: 81-87.

Pandey A, Soccol CR, Mitchell D (2000a). New developments in solid state fermentation, *Process Biochem.* 35: 1153-1169.

Pandey A, Soccol CR, Rodriguez-Leon J, Nigam P (2001). Solid state fermentation in Biotechnology, (*Asia Tech Publishers,* Delhi), pp. 1- 221.

Pandey A, Webb C, SOccol CR, LArroche C. Casca de arroz como substrato para a produção de enzimas proteolíticas. Enzyme Technology, Nova Deli: Asiatech Publishers, Inc. 2005; 197.

Pandey A. Aspects of fermenter design for solid state fermentation. *Process Biochemistry*, 1990; 26; 335-361.

Pandey, A., P. Nigam, C.R. Soccol, V.T. Soccol, D. Singh e R. Mohan, 2000. Advances in microbial amylases. Biotechnol. Appl. Biochem., 31: 135-152.
Pandey, A., P. Nigam, C.R. Soccol, V.T. Soccol, D. Singh e R. Mohan, 2000. Advances in microbial amylases. Biotechnol. Appl. Biochem., 31: 135-152.

Pankhurst CE, Opjel-keller K, Doube BM, Gupta VVSR (1996). Biodiversidade das comunidades microbianas do solo em sistemas agrícolas. Biodiver. Conserv. 5: 202-209.
Pankhurst CE, Opjel-keller K, Doube BM, Gupta VVSR (1996). Biodiversidade das comunidades microbianas do solo em sistemas agrícolas. Biodiver. Conserv. 5: 202-209.
Parekh J e Chanda V. Atividade antimicrobiana in vitro e análise fitoquímica de algumas plantas medicinais indianas. *Turkish J. Biol.* 2007; 31: 5358.
Parekh J e Chanda V. Atividade antimicrobiana in vitro e análise fitoquímica de algumas plantas medicinais indianas. *Turkish J. Biol.* 2007; 31: 5358.
Patil, S.Y. 2009. Fungos aquáticos do Norte de Maharashtra-lll. Biodiversity, Sustanable evelopment & Human Welfare, Proceding of National Conference pp.76-81.
Patil, S.Y. 2009. Fungos aquáticos do Norte de Maharashtra-lll. Biodiversity, Sustanable evelopment & Human Welfare, Proceding of National Conference pp.76-81.
Paul, E. A., e F. E. Clark. 1996. Soil microbiology and biochemistry. Terceira edição. Academic Press, Nova Iorque, EUA.
Paul, E. A., e F. E. Clark. 1996. Soil microbiology and biochemistry. Terceira edição. Academic Press, Nova Iorque, EUA.
Pawar, V. C.e Thaker, V. S. Eficácia in vitro de 75 óleos essenciais contra *Aspergillus niger. Mycoses* 2006;49(4):316-323.
Pawar, V. C.e Thaker, V. S. Eficácia in vitro de 75 óleos essenciais contra *Aspergillus niger. Mycoses* 2006;49(4):316-323.
Pawara, C.M., Patil, S. Y., 2009 Fungos aquáticos do Norte de Maharashtra-V. Biodiversidade, Desenvolvimento Sustentável e Bem-Estar Humano, Procedimentos da Conferência Nacional pp.411-415.
Pawara, C.M., Patil, S. Y., 2009 Fungos aquáticos do Norte de Maharashtra-V. Biodiversidade, Desenvolvimento Sustentável e Bem-Estar Humano, Procedimentos da Conferência Nacional pp.411-415.
Pederson H e Neilson J. The influence of nitrogen sources on alpha amylases productivity of *Aspergillus oryzae* in continuous cultures. *Appl. Microbiol. Biotechnol.* 2000; 53: 278-281.

Pei SJ. Abordagens etnobotânicas de estudos de medicina tradicional: algumas experiências da Ásia. Biologia Farmacêutica, 2001; 39: 74-79.

Pelczar Jr. MJ, Bard RC, Burnett GW, Conn HJ, Demoss RD, Euans EE, Weiss FA, Jennison MW, Meckee AP, Riker AJ, Warren J, Weeks OB (1957). Manual of Microbiological Methods. McGraw Hill Book Company, Inc., Nova Iorque. Soc. Am. Bacteriol.

Pelczar Jr. MJ, Bard RC, Burnett GW, Conn HJ, Demoss RD, Euans EE, Weiss FA, Jennison MW, Meckee AP, Riker AJ, Warren J, Weeks OB (1957). Manual of Microbiological Methods. McGraw Hill Book Company, Inc., Nova Iorque. Soc. Am. Bacteriol.

Pelzar MJJ, Chan ECS, Krieg NR.Microbiology.5th ed. Nova Deli: Tata McgrawHill publishing company Ltd; 2004:100-114.

Pimentel, D. *et al.* 1995. Custos ambientais e económicos da erosão do solo e benefícios da conservação. Science. Vol. 267, No. 24. p. 1117-1122.

Pimm, S. L., G. J. Russell, J. L. Gittleman e T. M. Brooks. 1995. The future of biodiversity. Science 269:347-350.

Pimm, S. L., G. J. Russell, J. L. Gittleman e T. M. Brooks. 1995. The future of biodiversity. Science 269:347-350.

Pitson, S.M., R.J. Seviour e M.B. Mcdougall. 1997. Purificação e caraterização de uma β-glucosidase extracelular do fungo filamentoso *Acremonium persicinum* e seu provável papel na degradação do β-glucano. *Enzyme Microbial. Technol.*, 21: 182-190.

Ponge, Jean-François (2003), "Humus forms in terrestrial ecosystems: a framework to biodiversity", Soil Biology and Biochemistry 35 (7): 935-945

Prashar, A., Hili, P., Veness, R. G., e Evans, C. S. Antimicrobial action of palmarosa oil (*Cymbopogon martinii*) on *Saccharomyces cerevisiae* (Ação antimicrobiana do óleo de palmarosa (*Cymbopogon martinii*) em *Saccharomyces cerevisiae*).

Phytochemistry2003;63(5):569-575.

Prashar, A., Hili, P., Veness, R. G., e Evans, C. S. Antimicrobial action of palmarosa oil (*Cymbopogon martinii*) on *Saccharomyces cerevisiae* (Ação antimicrobiana do óleo de palmarosa (*Cymbopogon martinii*) em *Saccharomyces cerevisiae*).

Phytochemistry2003;63(5):569-575.

Pratima Mathod, Sundar SM. Atividade fitoquímica e antimicrobiana de *Digera muricata* L. *E-Journal of chemistsry*, 2010; 7(1): 275-280.

Pratima Mathod, Sundar SM. Atividade fitoquímica e antimicrobiana de *Digera muricata* L. *E-Journal of chemistsry*, 2010; 7(1): 275-280.

de *Trichoderma reesei* RUT-C30 em condições de cultura em bioreactor. *Biochem.*

purificação dos principais componentes das celulases de uma estirpe mutante de *Trichoderma viride*

Pushalkar, S., K.K. Rao e K. Menon. 1995. Produção de beta-glucosidase por *Aspergillus terrus. Current Microbiol*, 30: 255-258.

Qasim KB, Bharat B, Mukesh K, Hoondal GS (2000). Efeito dos aminoácidos na produção de xilanase e pectinase de *Streptomyces* sp. QG-11-3, *World Journal of Microbiology & Biotechnology* 16 211-213.

Qasim KB, Bharat B, Mukesh K, Hoondal GS (2000). Efeito dos aminoácidos na produção de xilanase e pectinase de *Streptomyces* sp. QG-11-3, *World Journal of Microbiology & Biotechnology* 16 211-213.

Qian, X.M., El-Ashker, A., Kottke, I. & Oberwinkler, F. 1998. Estudos das populações de microfungos patogénicos e antagónicos e das suas potenciais interações no micorrizoplano do abeto da Noruega (*Picea abies* (L) Karst) e da faia (*Fagus sylvatica* L.) em parcelas acidificadas e com cal. *Plant Soil*, 199(1): 111-116.

Qian, X.M., El-Ashker, A., Kottke, I. & Oberwinkler, F. 1998. Estudos das populações de microfungos patogénicos e antagónicos e das suas potenciais interações no micorrizoplano do abeto da Noruega (*Picea abies* (L) Karst) e da faia (*Fagus sylvatica* L.) em parcelas acidificadas e com cal. *Plant Soil*, 199(1): 111-116.

Qiang W, Xue-Rong F , Zhao-Zhe H, Jian C (2007) . Otimização das condições de biocura de tecidos de malha de algodão com uma pectinase alcalina de *Bacillus subtilis* WSHB04-02 utilizando a metodologia de superfície de resposta, *Biochemical Engineering Journal* 34 107-113.

Qiang W, Xue-Rong F , Zhao-Zhe H, Jian C (2007) . Otimização das condições de biocura de tecidos de malha de algodão com uma pectinase alcalina de *Bacillus subtilis* WSHB04-02 utilizando a metodologia de superfície de resposta, *Biochemical Engineering Journal* 34 107-113.

Qiang Wang, Xue-Rong F , Zhao-Zhe H, Jian C (2006) . Otimização das condições de biocura de tecidos de malha de algodão com uma pectinase alcalina de *Bacillus subtilis* WSHB04-02 utilizando a metodologia de superfície de resposta, *Biochemical Engineering Journal* 34 107-113.

Qiang Wang, Xue-Rong F , Zhao-Zhe H, Jian C (2006) . Otimização das condições de biocura de tecidos de malha de algodão com uma pectinase alcalina de *Bacillus subtilis* WSHB04-02 utilizando a metodologia de superfície de resposta, *Biochemical Engineering Journal* 34 107-113.

Qnions, A.H.S., 1981. Introduction to Industrial Mycology. Edward Publ, Londres. 168-209.

Qnions, A.H.S., 1981. Introduction to Industrial Mycology. Edward Publ, Londres. 168-209.

R. B. Brown (setembro de 2003). "Textura do solo". Folha de dados SL-29. Universidade da Flórida, Instituto de Alimentos e Ciências Agrícolas. Recuperado em 2008-07-08.

R. J. Edwards (1998-02-15). "Caraterísticas típicas do solo de vários terrenos".... Recuperado em 2008-07-02. R. Mahalingam, R. Bharathidasan, V. Ambikapathy e A. Panneerselvam ,

R. Mahalingam, R. Bharathidasan, V. Ambikapathy e A. Panneerselvam ,Studies on ntibacterial activity of some medicinal plant against Human pathogenic Micro Organism *Asian Journal of Plant Science and Research*, 2011, 1 (3):86-90

Rahardjo YSP, Weber FJ, Haemers S, Tramper J, Rinzema A(2005). Os micélios aéreos de *Aspergillus oryzae* aceleram a produção de α-amilase num modelo de sistema de fermentação em estado sólido.

Enzyme Mcirob Technol. 36: 900-902.

Rajshekhar, M. e Kaveriappa K. M., 2003. Dversidade dos hifomicetos aquáticos no ecossistema aquático dos Ghats ocidentais da Índia. Hydrobiologia 501:167.
Rajshekhar, M. e Kaveriappa K. M., 2003. Dversidade dos hifomicetos aquáticos no ecossistema aquático dos Ghats ocidentais da Índia. Hydrobiologia 501:167.
Rang C (1997). A produção simultânea das proteínas de 34-kDa e 40-kDa de *Bacilus thuringiensis* subsp. *thompsoni* é necessária para a formação de corpos de inclusão. FEBS Letters, 412(3): 587-591.
Rang C (1997). A produção simultânea das proteínas de 34-kDa e 40-kDa de *Bacilus thuringiensis* subsp. *thompsoni* é necessária para a formação de corpos de inclusão. FEBS Letters, 412(3): 587-591.
Ranjard L, Richaume AS. 2001. Distribuição quantitativa e qualitativa em microescala de bactérias no solo. *Res. Microbiol.* 152:707-16
Ranjard L, Richaume AS. 2001. Distribuição quantitativa e qualitativa em microescala de bactérias no solo. *Res. Microbiol.* 152:707-16
Rao DVK, Singh I, Chopra P, Chhabra PC, Ramanujalu G. Atividade antibacteriana in vitro do óleo de neem. *Indian J Med Res*. 1986; 84: 314-16.
Rao DVK, Singh I, Chopra P, Chhabra PC, Ramanujalu G. Atividade antibacteriana in vitro do óleo de neem. *Indian J Med Res*. 1986; 84: 314-16.
Rao K. Árvore de Neem - Um perfil. http://maxpages.com/neem /articles/neem tree profile, 2005.
Rao K. Árvore de Neem - Um perfil. http://maxpages.com/neem /articles/neem tree profile, 2005.
Rauber CS, Guterres SS, Schapoval EES. *J. Pharm. Biomed. Anal.* 2005; 37: 597- 601.

Rauber CS, Guterres SS, Schapoval EES. *J. Pharm. Biomed. Anal.* 2005; 37: 597601.

Rauscher, R., E. Wurleitner, C. Wacenovsky, N. Aro, A.R. Stricker, S. Zelinger, C.P. Kubicek, M. Penttila e R.L. Mach. 2006. Trancriptinal regualtion fo xyn1, encoding xylansse 1 in *Hypocrea jecorina. Eukaroytic Cell*, 5: 447: 456.

Ravikumar, Patil HS, Makari HK, Gurumurthy H. Atividade antimicrobiana *in-vitro* do extrato de etanol de *Thevetia peruviana.Electronic J. Environ. Agri. Food Chem*., 2007; 6(9): 2318-2322.
Ravikumar, Patil HS, Makari HK, Gurumurthy H. Atividade antimicrobiana *in-vitro* do extrato de etanol de *Thevetia peruviana.Electronic J. Environ. Agri. Food Chem*., 2007; 6(9): 2318-2322.
Ray, R.R.; Nanda, G. Microbial b-amylases: biosynthesis, characteristics, and industrial applications. Crit. Rev. Microbiol, 22, 181-199, 1996.
Ray, R.R.; Nanda, G. Microbial b-amylases: biosynthesis, characteristics, and industrial applications. Crit. Rev. Microbiol, 22, 181-199, 1996.
Reddy V.N., P. Prakash e C. Manoharachary (1987). Fungistasis in forest soil using the dominant soil

fungi. *Bioma* 2(1): 126-128.

Reddy V.N., P. Prakash e C. Manoharachary (1987). Fungistasis in forest soil using the dominant soil fungi. *Bioma* 2(1): 126-128.

Reddy, K.R.N., C. R Raghavender, B.N. Reddy e B. Salleh, 2010. Controlo biológico do crescimento de *Aspergillus flavus* e subsequente produção de aflatoxina B em grãos *de sorgo*. Afr. J. Biotechnol, 9: 4247-4250.

Reddy, K.R.N., C. R Raghavender, B.N. Reddy e B. Salleh, 2010. Controlo biológico do crescimento de *Aspergillus flavus* e subsequente produção de aflatoxina B em grãos *de sorgo*. Afr. J. Biotechnol, 9: 4247-4250.

Reddy, S. M., Kumar, S., Babita, K. e Reddy, M.S. 2002 Biosolubilization of Poorly Soluble Rock Phosphates by *Aspergillus tubingensis* and *Aspergillus niger*, *Bioresource Technology,* 84, 187 - 189.

Reddy, S. M., Kumar, S., Babita, K. e Reddy, M.S. 2002 Biosolubilization of Poorly Soluble Rock Phosphates by *Aspergillus tubingensis* and *Aspergillus niger*, *Bioresource Technology,* 84, 187 - 189.

REFERÊNCIAS

Rehana F, Venkatsubbiah , Naud K (1989).Estudos preliminares sobre a produção de a-amilase termoestável por uma estirpe mesofílica de *B. licheniformis*. *Chem. Microbiol. Technol.* Leberismo. 12: 8 - 13.

Rehana F, Venkatsubbiah, Naud K (1989).Estudos preliminares sobre a produção de a-amilase termoestável por uma estirpe mesofílica de *B. licheniformis*. *Chem. Microbiol. Technol.* Leberismo. 12: 8 - 13.

Reichardt W, Briones A, de Jesus R, Padre B (2001). Mudanças na população microbiana em sistemas experimentais de arroz. *Appl. Soil Ecol.* 17: 151-163.

Reichardt W, Briones A, de Jesus R, Padre B (2001). Mudanças na população microbiana em sistemas experimentais de arroz. *Appl. Soil Ecol.* 17: 151-163.

Retallack, G. J. (1990), Soils of the past: an introduction to paleopedology, Boston: Unwin Hyman, pp. 32.

Rezaei, Khalil; Guest Bernard, Friedrich Anke, Fayazi Farajollah, Nakhaei Mohamad, Aghda Seyed Mahmoud Fatemi, Beitollahi Ali (2009), "Soil and sediment quality and composition as factors in the distribution of damage at the December 26, 2003.

Richardson, A.E., 1994. Microorganismos do solo e disponibilidade de fósforo. In: Soil Biota Management in Sustainable Farming System, C.E. Pankhurst, B.M. Doulse, V.V.S.R. Gupta e P.R. Grace (Eds.), CSIRO, Austrália, pp: 50-62.

Richardson, A.E., 1994. Microorganismos do solo e disponibilidade de fósforo. In: Soil Biota Management in Sustainable Farming System, C.E. Pankhurst, B.M. Doulse, V.V.S.R. Gupta e P.R.

Grace (Eds.), CSIRO, Austrália, pp: 50-62.

Richardson, A.E. e P.A. Hadodas, 1997. Isolados do solo de *Pseudomonas* sp. que utilizam fosfatos de inositol. *Canadian J. Microbiol*, 43: 509-516.

Richardson, A.E. e P.A. Hadodas, 1997. Isolados do solo de *Pseudomonas* sp. que utilizam fosfatos de inositol. *Canadian J. Microbiol*, 43: 509-516.

Richardson, A.E., P.A. Hadobas, J.E. Hayes, C.P. O'Hara, e R.J. Simson. 2001. A utilização de fósforo por plantas de pastagem fornecidas com hexafosfato de mio-inositol é reforçada pela presença de microorganismos do solo. *Plant Soil* 22 : 47-56.

Ringelberg, D., G. T. Townsend, K. A. Deweerd, J. M. Suflita e D. C. White. 1994. Deteção do microrganismo anaeróbio desclorador Desulfomonile tiedjei em matrizes ambientais através da assinatura do seu lipopolissacarídeo, hidroxiácidos de cadeia longa e ramificada. FEMS (Federação das Sociedades Europeias de Microbiologia) Microbial Ecology 14:9-18.

Ringelberg, D., G. T. Townsend, K. A. Deweerd, J. M. Suflita e D. C. White. 1994. Deteção do microrganismo anaeróbio desclorador Desulfomonile tiedjei em matrizes ambientais através da assinatura do seu lipopolissacarídeo, hidroxiácidos de cadeia longa e ramificada. FEMS (Federação das Sociedades Europeias de Microbiologia) Microbial Ecology 14:9-18.

Riou, C., G. Freyssinet e M. Fevre. 1991. Produção de enzimas de degradação da parede celular pelo fungo fitopatogénico *Sclerotinia sclerotiorum*. *Appl. Environ. Microbiol.,* 1478-1484.

Riou, C., G. Freyssinet e M. Fevre. 1991. Produção de enzimas de degradação da parede celular pelo fungo fitopatogénico *Sclerotinia sclerotiorum*. *Appl. Environ. Microbiol.,* 1478-1484.

Rodriguez, I.A., C.P. Escobedo, M.G.Z. Paramo, E.L. Romero e H.C. Camacho. 2005. Degradação da celulose pelo fungo patogénico do feijão *Colletotrichum lindemuthianum*. Produção de enzimas celulolíticas extracelulares por indução de celulose. Antonie van Leeuwenhock, 87: 301-310.

Rojas-Grau, M. A., Avena-Bustillos, R. J., Friedman, M., Henika, P. R., Martin-Belloso, O., e McHugh, T. H. Propriedades mecânicas, de barreira e antimicrobianas de películas comestíveis de puré de maçã contendo óleos essenciais de plantas.*J Agric Food Chem* 11-29- 2006;54(24):9262-9267.

Rojas-Grau, M. A., Avena-Bustillos, R. J., Friedman, M., Henika, P. R., Martin-Belloso, O., e McHugh, T. H. Propriedades mecânicas, de barreira e antimicrobianas de películas comestíveis de puré de maçã contendo óleos essenciais de plantas. *J Agric Food Chem* 11-29- 2006;54(24):9262-9267.

Rombouts, F. M. e W. Pilnik. 1980. Enzimas pécticas. In: *Microbiologia Económica*, 5: 227-282.

Rombouts, F. M. e W. Pilnik. 1980. Enzimas pécticas. In: *Microbiologia Económica*, 5: 227-282.

S. Maji, P. Dandapat, D. Ojha, C. Maity, S.K. Halder, P.K. Das Mohapatra, T.K. Pathak, B.R. Pati, A. Samanta e K.C. Mondai. Journal of Phytology 2010, 2(4): 57-64

T. Maji, P. Dandapat, D. Ojha, C. Maity, S.K. Halder, P.K. Das Mohapatra, T.K. Pathak, B.R. Pati,

A. Samanta e K.C. Mondal. Journal of Phytology 2010, 2(4): 57-64

S.A.Dhaware (1976): Taxonomia de alguns Ascomycetes e Airspora estudados em campos de arroz.

S.A.Dhaware (1976): Taxonomia de alguns Ascomycetes e Airspora estudados em campos de arroz

S.K.Rajurkar (2008):Aeroalergente no mercado dos vegetais. Bio-Nano, pp (95-99)

S.K.Rajurkar (2008):Aeroalergente no mercado dos vegetais. Bio-Nano, pp (95-99)

Saadia, M., S. Ahmed e A. Jamil. 2008. Isolamento e clonagem do gene cre1 de um fungo filamentoso *Trichoderma harzianum. Pak. J. Bot.*, 40: 421-426.

Sacchetti G, Maietti S, Muzzoli M et al. Food Chem. 2005; 91: 621-632. Paranagama PA, Abeysekera KHT, Abeywickrama K, Nugaliyadde L. Lett. Appl. Microbiol. 2003; 37: 86-90.

Sacchetti G, Maietti S, Muzzoli M et al. Food Chem. 2005; 91: 621-632. Paranagama PA, Abeysekera KHT, Abeywickrama K, Nugaliyadde L. Lett. Appl. Microbiol. 2003; 37: 86-90.

Sachin Talekar (2011) produção e caraterização de celulase por um isolado fúngico local da Índia, utilizando jacinto de água como fonte de carbono e reutilização de biomassa fúngica para a degradação de corantes *Jornal Internacional de Engenharia, Ciência e Tecnologia*. Vol. 3 No. 4, 2011.

Sachin Talekar (2011) produção e caraterização de celulase por um isolado fúngico local da Índia, utilizando jacinto de água como fonte de carbono e reutilização de biomassa fúngica para a degradação de corantes *Jornal Internacional de Engenharia, Ciência e Tecnologia*. Vol. 3 No. 4, 2011.

Sadaf Jahangeer, Nazia Khan, Saman Jahangeer, Muhammad Sohali, Saleem Shahzad, Aqeel Ahmad & Shakeel Ahmed Khan, 2005. Rastreio e caraterização de celulases fúngicas isoladas da fonte ambiental nativa. *Pak. J. Bot.*, 37(3): 739-748.

Sadaf Jahangeer, Nazia Khan, Saman Jahangeer, Muhammad Sohali, Saleem Shahzad, Aqeel Ahmad & Shakeel Ahmed Khan, 2005. Rastreio e caraterização de celulases fúngicas isoladas da fonte ambiental nativa. *Pak. J. Bot.*, 37(3): 739-748.

Sadhukhan RK, Manna S, Roy SK e Chacrabarty SL. Enzima amilase amilolítica termoestável de um fungo celulolítico *Myceliophthora thermophilia* D14 (ATCC 48104). *Appl. Microbiol. Biotechnol.* 1990; 33: 692-696.

Sadik, E.A., M.M. Payak e S.L. Mehta. 1983. Alguns aspectos bioquímicos das interações hospedeiro-patógeno na podridão do caule do milho *por Pythium*. I. Papel da toxina, enzimas pectolíticas e celulolíticas na patogénese. *Ata Phytopathol. Acad. Sci.* Hungaricae, 18: 261-269.

Sadik, E.A., M.M. Payak e S.L. Mehta. 1983. Alguns aspectos bioquímicos das interações hospedeiro-patógeno na podridão do caule do milho *por Pythium*. I. Papel da toxina, enzimas pectolíticas e celulolíticas na patogénese. *Ata Phytopathol. Acad. Sci.* Hungaricae, 18: 261-269.

Saha, B.C.; Zeikus, J.G. Microbial glucoamylases: biochemical and biotechnological features. Starch

Staerke, 41, 57-64, 1989.

Saha, B.C.; Zeikus, J.G. Microbial glucoamylases: biochemical and biotechnological features. Starch Staerke, 41, 57-64, 1989.

SaiRam M, Ilavazhaga G, Sharma SK, Dhanraj SA. Atividade antimicrobiana de um novo contracetivo vaginal NIM-76 a partir de óleo de neem (*Azdirachta indica*). J Ethnopharm. 2000; 7: 377-82.

SaiRam M, Ilavazhaga G, Sharma SK, Dhanraj SA. Atividade antimicrobiana de um novo contracetivo vaginal NIM-76 a partir de óleo de neem (*Azdirachta indica*). *J Ethnopharm.* 2000; 71: 377-82.

Saksena, R.K. e A.K. Sarbhoy (1964). Ecology of the soil fungi of Uttar Pradesh - I. *Proceedings of National Institute of Science India* 29B: 207-224

Saksena, R.K. e A.K. Sarbhoy (1964). Ecology of the soil fungi of Uttar Pradesh - I. *Proceedings of National Institute of Science India* 29B: 207-224

Saksena, S.B. (1955). Factores ecológicos que regem a distribuição de microfungos do solo em alguns solos florestais de Sagar. *Journal of Indian Botanical Society* 34: 262-298.

Saksena, S.B. (1955). Factores ecológicos que regem a distribuição de microfungos do solo em alguns solos florestais de Sagar. *Journal of Indian Botanical Society* 34: 262-298.

Saleem, F., S. Ahmed e A. Jamil. 2008. Isolamento de um gene de degradação de xilano da biblioteca de ADN genómico de um fungo termofílico *Chaetomium thermophile* ATCC 28076. *Pak. J. Bot.*, 40: 1225-1230.

Sangeeta Y, Pramod KY, Dinesh Y, Kapil DSY (2008). Purificação e caraterização de uma pectina liase alcalina de *Aspergillus flavus, Process Biochemistry* 43 547-552.

Sangeeta Y, Pramod KY, Dinesh Y, Kapil DSY(2008). Purificação e caraterização de uma pectina liase alcalina de *Aspergillus flavus, Process Biochemistry* 43 547-552.

Sangeeta Y, Pramod KY, Dinesh Y, Kapil DSY (2008). Purificação e caraterização de uma pectina liase alcalina de *Aspergillus flavus*, Process Biochemistry 43 547-552.

Sangeeta Y, Pramod KY, Dinesh Y, Kapil DSY (2008). Purificação e caraterização de uma pectina liase alcalina de *Aspergillus flavus*, Process Biochemistry 43 547-552.

Santos, T.C.; Marques, M.S.; Menezes, I.A.C.; Dias, K.S.; Silva, A.B.L.; Mello, I.C.M.; Carvalho, A.C.S.; Cavalcanti, S.C.H.; Antoniolli, A.R.; Marçal, R.M. (2007).

Efeito antinociceptivo e toxicidade aguda do extrato aquoso das folhas de *Hyptis suaveolens* em ratos. Fitoterapia, 78: 333- 336.

Santos, T.C.; Marques, M.S.; Menezes, I.A.C.; Dias, K.S.; Silva, A.B.L.; Mello, I.C.M.; Carvalho, A.C.S.; Cavalcanti, S.C.H.; Antoniolli, A.R.; Marçal, R.M. (2007). Efeito antinociceptivo e toxicidade aguda do extrato aquoso das folhas de *Hyptis suaveolens* em camundongos. Fitoterapia, 78: 333- 336.

Sa-Pereira, P., H. Paveia, M. Costa-Ferreira e M.R. Aires-Barros. 2003. Um novo olhar sobre as xilanases: Uma visão geral das estratégias de purificação. *Mol. Biotechnol.*, 24: 257-281.

Sarapatka, B. 2002. Atividade de fosfatase de cambissolos Eutric (uppland, Suécia) em relação às propriedades do solo e sistemas agrícolas. Artigo original publicado em Ata-Agric. *Bohemica*, 33:18-24

Sarapatka, B., Dudova e M. Krskova. 2004. Efeito do pH e do fornecimento de fosfato na atividade da fosfatase ácida em raízes de cereais. *Biologia, Bratislava,* 59: 127-131.

Sati e Belwal, 2005. Hifomicetos aquáticos como endófitos de raízes de plantas ribeirinhas. Mycologia, 97:45-49.

Sati e Belwal, 2005. Hifomicetos aquáticos como endófitos de raízes de plantas ribeirinhas. Mycologia, 97:45-49.

Sati, S. C. e Tiwari N. 1997. In: Himalayan Microbial Diversity, (Eds. Sati, S. C. Saxena, J. and Dubey, R.C.), Today and Tomorrow Printers and Publishers, NewDelhi pp.17-30.

Sati, S. C. e Tiwari N. 1997. In: Himalayan Microbial Diversity, (Eds. Sati, S. C. Saxena, J. and Dubey, R.C.), Today and Tomorrow Printers and Publishers, NewDelhi pp.17-30.

Sati,2002. Conidial aquatic fungi of Nanital, Kumaun Himalaya, India. Mycotaxon, 81:445.

Sati,2002. Conidial aquatic fungi of Nanital, Kumaun Himalaya, India. Mycotaxon, 81:445.

Savory JG, decomposição da madeira por Ascomycetes e fungos imperfeitos, *Ann Appl Biol,* 1954, 41 (2), 336-645.

Savory JG, decomposição da madeira por Ascomycetes e fungos imperfeitos, *Ann Appl Biol,* 1954, 41 (2), 336-645.

SC, Leitao-Filho H, Gegossi A. Etnobotânica de Caicaras da costa da Mata Atlântica. Botânica Econômica, 1999; 53: 387-395.

SC, Leitao-Filho H, Gegossi A. Etnobotânica de Caicaras da costa da Mata Atlântica. Botânica Econômica, 1999; 53: 387-395.

Schinner, F., R. Oninger, E. Kandeler e R. Margesin. 1996. Methods in Soil Biology. Springer-Verlag. Berlim Heidelberg-Jerman.

Schmutterer, H., 1995. A árvore de Neem. Editor Weinheim, República Federal da Alemanha.

Schmutterer, H., 1995. A árvore de Neem. Editor Weinheim, República Federal da Alemanha.

Schnitzhofer W, Weber HJ, Vrsansk M, Biely P, Cavaco-Paulo A, Guebitz GM (2006). Purificação e caraterização mecânica de duas poligalacturonases de *Sclerotium rolfsii, Enzyme and Microbial Technology* 40 1739-1747.

Schnitzhofer W, Weber HJ, Vrsansk M, Biely P, Cavaco-Paulo A, Guebitz GM (2006). Purificação e caraterização mecânica de duas poligalacturonases de *Sclerotium rolfsii, Enzyme and Microbial Technology* 40 1739-1747.

Schokker EP, Van Boekel AJS (1999). Cinética da inativação térmica da proteinase extracelular de *Pseudomonas fluorescens* 22F, Influência do pH, Cálcio e proteína. J. *Agric. Food Chem.* 47: 1681 - 1686.

Schonfeld J, Gelsomino A, van Over- beek LS, Gorissen A, Smalla K, van El-as JD. 2002. Efeitos da adição de composto e da solarização simulada no destino da *Ralstonia solanacearumbiovar* 2 e das bactérias indígenas no solo. FEMS *Microbiol. Ecol.* 43:63-74

Schonfeld J, Gelsomino A, van Over- beek LS, Gorissen A, Smalla K, van El-as JD. 2002. Efeitos da adição de composto e da solarização simulada no destino da *Ralstonia Solanacearumbiovar 2* e das bactérias indígenas no solo. FEMS *Microbiol. Ecol.* 43:63-74

Schulein M (1997). Propriedades enzimáticas das celulases de *Humicola insolens*. *J. Biotechnol*, 57: 71-81.

Schulein M (1997). Propriedades enzimáticas das celulases de *Humicola insolens*. *J. Biotechnol*, 57: 71-81.

Sechi, L. A., Lezcano, I., Nunez, N., Espim, M., Dupre, I., Pinna, A., Molicotti, P., Fadda, G. e Zanetti, S. 2001. Atividade antibacteriana do óleo de girassol ozouizado (Oleozon). J. Appl. Micro-biol. 90: 279-284.

Sechi, L. A., Lezcano, I., Nunez, N., Espim, M., Dupre, I., Pinna, A., Molicotti, P., Fadda, G. e Zanetti, S. 2001. Atividade antibacteriana do óleo de girassol ozouizado (Oleozon). J. Appl. Micro-biol. 90: 279-284.

Seena S; Sridhar K R (2004). Diversidade fúngica endofítica de 2 leguminosas selvagens de dunas de areia da costa sudoeste da Índia. *Can. J. Microbiol.* 50: 1015-1021.

Seena S; Sridhar K R (2004). Diversidade fúngica endofítica de 2 leguminosas selvagens de dunas de areia da costa sudoeste da Índia. *Can. J. Microbiol.* 50: 1015-1021.

Sengupta, P., S.N. Chowdhuri e H.N. Khastagir, 1960. Terpenoids and related compounds-I Constituintes da casca do tronco de Melia azadirachta Linn. e a estrutura do cetofenol, nimbiol. Tetrahedron, 10: 45-54.

Sengupta, P., S.N. Chowdhuri e H.N. Khastagir, 1960. Terpenoids and related compounds-I Constituintes da casca do tronco de Melia azadirachta Linn. e a estrutura do cetofenol, nimbiol. Tetrahedron, 10: 45-54.

Setz, EZF; Enzweiler J, Solferini VN, Amendola MP, Berton RS (1999), "Geophagy in the golden-faced saki monkey (Pithecia pithecia chrysocephala) in the Central Amazon", Journal of Zoology 247: 91-103.

Shallom, D. e Y. Shoham. 2003. Microbial Hemicellulases. *Curr. Opin. Microiol.*, 6: 219-28.

Shamala, T.R. e K.R. Sreekantiah. 1985. Produção de celulases e D-xilanase por alguns isolados de fungos selecionados. *Enzyme Microbial. Technol.*, 8: 178-182.

Shan B, Cai YZ, Brooks JD e Corke H. A atividade antibacteriana in vitro de especiarias dietéticas e extractos de ervas medicinais. *Jornal Internacional de Microbiologia Alimentar* 2007; 117: 112119.
Shan B, Cai YZ, Brooks JD e Corke H. A atividade antibacteriana in vitro de especiarias dietéticas e extractos de ervas medicinais. *Jornal Internacional de Microbiologia Alimentar* 2007; 117: 112119.
Sharma A, Adhikari S, Satyanarayan T (2005) . Produção de xilanase sem celulase termoestável alcalina por um termófilo extremo *Geobacillus thermoleovorans,* World *Journal of Microbiology and Biotechnology* 23 483-490.
Sharma A, Adhikari S, Satyanarayan T (2005). Produção de xilanase sem celulase termoestável alcalina por um termófilo extremo *Geobacillus thermoleovorans,* World *Journal of Microbiology and Biotechnology* 23 483-490.
Sharma DC, Satyanarayana T (2006). Um aumento acentuado na produção de uma pectinase altamente alcalina e termoestável por Bacillus pumilus dcsrl em fermentação submersa utilizando métodos estatísticos, Bioresource Technology 97 727-733.
Sharma DC, Satyanarayana T (2006). Um aumento acentuado na produção de uma pectinase altamente alcalina e termoestável por Bacillus pumilus dcsrl em fermentação submersa utilizando métodos estatísticos, Bioresource Technology 97 727-733.
Sharma, K. e K.L. Tiwari, 2009. Aeromycoflora of /Ocimum *sanctum*. Flora Fauna, 15: 21-24.
Sharma, K. e K.L. Tiwari, 2009. Aeromycoflora of /Ocimum *sanctum*. Flora Fauna, 15: 21-24.

Sharma, K. e K.L. Tiwari, 2009. Aeromycoflora of /Ocimum *sanctum*. Flora Fauna, 15: 21-24.
Sharma, K. e K.L. Tiwari, 2009. Effect of leaf exudats. Plant Arch, 9: 835-836.
Sharma, K. e K.L. Tiwari, 2009. Effect of leaf exudats. Plant Arch, 9: 835-836.
Sharma, K., 2009. Mycoflora do solo do vale de Yumthang. Lab Land, 1: 42-45.
Sharma, K., 2009. Mycoflora do solo do vale de Yumthang. Lab Land, 1: 42-45.
Sharma, K., 2010. Soil mycoflora of darjeeling tea garden. Bioinfolet, 7: 142-143
Sharma, K., 2010. Soil mycoflora of darjeeling tea garden. Bioinfolet, 7: 142-143
Shearer, C., Descals, E., Kohlmeyer, B., Kohlmeyer, J., Marvanovà, L., Padgett, D., *et al.* (2007). Biodiversidade fúngica em habitats aquáticos. Biodiversity Conserv, 16(1), 49-67.
Shearer, C., Descals, E., Kohlmeyer, B., Kohlmeyer, J., Marvanovà, L., Padgett, D., *et al.* (2007). Biodiversidade fúngica em habitats aquáticos. Biodiversity Conserv, 16(1), 49-67.

Sheehan, J e Himmel, M. 1999. Enzymes, energy, and the environment ; a strategic perspective on the U.S. department of energy's research and development activities for iotechnol. *Biotechnol Prog.*,15:817-827.

Sheehan, J e Himmel, M. 1999. Enzymes, energy, and the environment ; a strategic perspective on the U.S. department of energy's research and development activities for iotechnol. *Biotechnol Prog.*,15:817-827.

Sigatwadia A e katewa S.S. Estudos in vitro sobre a atividade antifúngica do óleo essencial de *Cymbopogon martini* e *Cymbopogon citrates*. Indian perfume , 2001, 45, 53-55.

Sigatwadia A e katewa S.S. Estudos in vitro sobre a atividade antifúngica do óleo essencial de *Cymbopogon martini* e *Cymbopogon citrates*. Indian perfume , 2001, 45, 53-55.

Sing, S., J.K. Brar, D.K. Sandhu e A. Kaur. 1996. Isozyme polymorphism of cellulases in *Aspergillus terreus*. *J Basic Microbiol*, 36: 289-296.

Singh K, Gang SK, Kella A, Bhatianagar A (2003). Oil cakes as protein source supplementary diets for the growth of cirrhinummrigate (Ham) Fingel lings laboratory and field studies. Biosour. Technol. 86: 283-291.

Singh K, Gang SK, Kella A, Bhatianagar A (2003). Oil cakes as protein source supplementary diets for the growth of cirrhinummrigate (Ham) Fingel lings laboratory and field studies. Biosour. Technol. 86: 283-291.

Sivakami, R. Prem Kishore, G. 2003. Flora fúngica do sedimento do solo de lagos na área de Vypin, Kerala. Trabalho apresentado no Simpósio Internacional patrocinado pela UGC sobre Potenciais e Perspectivas da Aquacultura de água doce realizado em 12th -13th de setembro no P.G. Research Department of Zoology, A.V.M.Sri Pushpam College, Poondi, Thanjavur, Tamilnadu.Pp55.

Sivakami, R. Prem Kishore, G. 2003. Flora fúngica do sedimento do solo de lagos na área de Vypin, Kerala. Trabalho apresentado no Simpósio Internacional patrocinado pela UGC sobre Potenciais e Perspectivas da Aquacultura de água doce realizado em 12th -13th de setembro no P.G. Research Department of Zoology, A.V.M.Sri Pushpam College, Poondi, Thanjavur, Tamilnadu.Pp55.

Smibert RM, Krieg NR (1995). Caracterização fenotípica. In: Gerhardt P, Murray RGE, Wood W, Krieg E (eds). Methods for general and molecular bacteriology (Métodos de bacteriologia geral e molecular). *Am. Soc. Microbiol.* Washington.

Smibert RM, Krieg NR (1995). Caracterização fenotípica. In: Gerhardt P, Murray RGE, Wood W, Krieg E (eds). Methods for general and molecular bacteriology (Métodos de bacteriologia geral e molecular). *Am. Soc. Microbiol.* Washington.

Smith, J. L., e E. A. Paul. 1990. O significado das estimativas da biomassa microbiana do solo. Páginas 357-396 em J. Bollag e G. Stotsky, editores. Soil biochemistry. Marcel Dekker, Nova Iorque, Nova Iorque, EUA.

Smith, J. L., e E. A. Paul. 1990. O significado das estimativas da biomassa microbiana do solo. Páginas 357-396 em J. Bollag e G. Stotsky, editores. Soil biochemistry. Marcel Dekker, Nova Iorque, Nova Iorque, EUA.

Soccol CR. Physiologie et Metabolism de *Rhizopus* en cultutre solide et submerge en relation avec la degradation d'Amidon et la Production d'Acide L (+) Lactique, these de doctorate, Universite de technologie de campiegne, France, 1992; 218.

Sonjoy S, Bill Bex, Houston KH. Atividade celular de *Trichoderma ressei* (RUT- C30) em resíduos sólidos urbanos. *Appl. Biochem. Biotechnol.* 1995; 15: 145-153.

Spreint, A., and Antranikian, G. (1990) Purification and properties of a thermostable Clostridium thermosulfurogenes EMI which hydrolyses both h-1.6 and α-1.4-glycosidic linkages, *App.Microbiol. Biotechnol.* 33, 511-518.

Spreint, A., and Antranikian, G. (1990) Purification and properties of a thermostable Clostridium thermosulfurogenes EMI which hydrolyses both h-1.6 and α-1.4- glycosidic linkages, *App.Microbiol. Biotechnol.* 33, 511-518.

Sreeramulu T (1970): O airspora de campos de cultivo e sua aplicação. *J. Palynol*: 6:31 -38.

Sreeramulu T (1970): O airspora de campos de cultivo e sua aplicação. *J. Palynol*: 6:31 -38.

Sridhar K. R., Chandrashakher,. R. e Kaveriappa K. M. 1992. Investigação sobre os subcontinentes indianos. In: The Ecology of Aquatic Hyphomycetes (Eds. Barlocher, F.) Springer Verlag, Berline, Heidelberg Germany.

Sridhar K. R., Chandrashakher,. R. e Kaveriappa K. M. 1992. Investigação sobre os subcontinentes indianos. In: The Ecology of Aquatic Hyphomycetes (Eds. Barlocher, F.) Springer Verlag, Berline, Heidelberg Germany.

Srivastava M P (2001). Pragmatic approach in plant protection in the third millennium. In:Plant diseases and their control - the selected papers of the First Asian Conference of Plant Pathology, eds Z Shimai, Z Guanghe & L Huifang, pp 4-7. *China Agricultural Scientech Press*: Beijing, China.

Srivastava M P (2001). Pragmatic approach in plant protection in the third millennium. In:Plant diseases and their control - the selected papers of the First Asian Conference of Plant Pathology, eds Z Shimai, Z Guanghe & L Huifang, pp 4-7. *China Agricultural Scientech Press*: Beijing, China.

Srivastava, S. e K.S. Bhargava (1966). Fungi isolated from Eugenia forest soil of Gorakhpur. *Actas da Associação do Congresso Científico Indiano* 53: 441

Srivastava, S. e K.S. Bhargava (1966). Fungi isolated from Eugenia forest soil of Gorakhpur. *Actas da Associação do Congresso Científico Indiano* 53: 441

Stephan, A., A. H. Meyer, e B. Schmid. 2000. A diversidade vegetal afecta as bactérias do solo cultiváveis em comunidades experimentais de prados. *Journal of Ecology* 88:988-999.

Estudos sobre a atividade antibacteriana de algumas plantas medicinais contra microrganismos patogénicos humanos *Asian Journal of Plant Science and Research*, 2011, 1 (3):86-90

Stutzenberger FJ (1987). Poligalacturonato liase termoalcofílica induzível de *Thermornonospora fusca*, *Journal of Bacteriology* 169 2774-2780.

Stutzenberger FJ (1987). Poligalacturonato liase termoalcofílica induzível de *Thermornonospora fusca*, *Journal of Bacteriology* 169 2774-2780.

Subramanian, M.S. e K.K. Lakshmanan, 1996. Azadirachta indica A. Juss. A casca do caule como fonte anti-lepra. Em Singh R.P., Chari M.S., Raheja A.K., Kraus W., editores. Neem and Enviroment, vol.2: Nova Deli: Oxford & IBH Publishin Co PvtmLtd; 1143-1150.

Subramanian, M.S. e K.K. Lakshmanan, 1996. Azadirachta indica A. Juss. A casca do caule como fonte anti-lepra. Em Singh R.P., Chari M.S., Raheja A.K., Kraus W., editores. Neem and Enviroment, vol.2: Nova Deli: Oxford & IBH Publishin Co PvtmLtd; 1143-1150.

Suganthi. R. *et al.* /*International Journal of Engineering Science and Technology (*IJEST)

Sugimoto K (1977). Denpunkagaku Handbook, Asakura, Tóquio. pp. 450-461.

Suleiman, M.N.: Fungitoxic Activity of Neem and Pawpaw Leaves Extracts on *Alternaria Solani*, Causal Organism of Yam Rots: Adv. Environ. Biol., 4(2): 159-161, 201

Suleiman, M.N.: Fungitoxic Activity of Neem and Pawpaw Leaves Extracts on *Alternaria Solani*, Causal Organism of Yam Rots: Adv. Environ. Biol., 4(2): 159-161, 2010

Suneetha V (2004). Isolamento e caraterização de organismos produtores de queratinase de Trimula e Tirupati. Tese de doutoramento não publicada. Universidade de SPMVV (Universidade Feminina), Tirupati.

Suneetha V (2004). Isolamento e caraterização de organismos produtores de queratinase de Trimula e Tirupati. Tese de doutoramento não publicada. Universidade de SPMVV (Universidade Feminina), Tirupati.

Suneetha V (2006). Isolamento e caraterização de organismos produtores de queratinase de Trimula e Tirupati. Tese de doutoramento não publicada. Universidade de SPMVV (Universidade Feminina), Tirupati.

Suneetha V (2006). Isolamento e caraterização de organismos produtores de queratinase de Trimula e Tirupati. Tese de doutoramento não publicada. Universidade de SPMVV (Universidade Feminina), Tirupati.

Surridge, Angela Karen Joanna Fungi associated with banana leaf diseases in South

África

Surridge, Angela Karen Joanna Fungos associados às doenças das folhas da bananeira na África do Sul

T 100-14. *Bioresour. Technol.*, 99: 6826-6833

Tabachioni S, Bevivino A, Cantale C, Dalmastri C (2000). Enviesamento causado pela utilização de diferentes meios de isolamento para avaliar a diversidade genética de uma população microbiana natural. *Microbial. Ecol.* 40: 169-176.

Tabachioni S, Bevivino A, Cantale C, Dalmastri C (2000). Enviesamento causado pela utilização de diferentes meios de isolamento para avaliar a diversidade genética de uma população microbiana natural. *Microbial. Ecol.* 40: 169-176.

Takamine, J. 1914 Enzimas de *Aspergillus oryzae* e a aplicação da sua enzima amiloclástica à indústria de fermentação. *Ind. Eng. Chem.*, 6, 824-828.

Takamine, J. 1914 Enzimas de *Aspergillus oryzae* e a aplicação da sua enzima amiloclástica à indústria de fermentação. *Ind. Eng. Chem.*, 6, 824-828.

Talde,U.K.1981. Fungos deuteromicetos aquáticos dos rios Puma.Ind.J.Mycol.11:288. Talde,U.K.1983. Hyphomycetes aquáticos de Aundha Nagnath.Ind.J.Mycol.13:1998

Talde,U.K.1981. Fungos deuteromicetos aquáticos dos rios Puma.Ind.J.Mycol.11:288.

Talde,U.K.1983. Hyphomycetes aquáticos de Aundha Nagnath.Ind.J.Mycol.13:1998

Tarafdar, J.C. e A. Jungk, 1987. A atividade da fosfatase na rizosfera e a sua relação com o esgotamento do fósforo orgânico do solo. *Biology and Fertility of Soils*, 3: 199204.

Tarafdar, J.C. e A. Jungk, 1987. A atividade da fosfatase na rizosfera e a sua relação com o esgotamento do fósforo orgânico do solo. *Biology and Fertility of Soils*, 3: 199204.

Tarafdar, J.C., 1995. Demonstração visual da atividade de fosfatase ácida in vivo de fungos micorrízicos VA. *Current Sci.*, 69: 541-543.

Tarafdar, J.C., 1995. Demonstração visual da atividade de fosfatase ácida in vivo de fungos micorrízicos VA. *Current Sci.*, 69: 541-543.

Tarafdar, J.C., R.S. Yadav e Ram Niwas 2001b. Relative efficiency of fungal intra-and extracellular phosphatases and phytases. *J. Plant Nutr. Soil Sci.*, 165: 17-19.

Tarafdar, J.C., R.S. Yadav e Ram Niwas 2001b. Relative efficiency of fungal intra-and extracellular phosphatases and phytases. *J. Plant Nutr. Soil Sci.*, 165: 17-19.

Tarafdar, J.C., R.S. Yadav e S.C. Meena, 2001a. Comparative efficiency of acid phosphatise originated from plant and fungal sources. *J. Plant Nutr. Soil Sci.*, 164: 279-282.

Tarafdar, J.C., R.S. Yadav e S.C. Meena, 2001a. Comparative efficiency of acid phosphatise originated from plant and fungal sources. *J. Plant Nutr. Soil Sci.*, 164: 279-282.

Tarafdar,J .C, eClassen,N. (1988). *Biol.Fertil.Soils*.5;308-312

Tarafdar,J.C, e Marschner,H.(1994). *Soil Biol,Biochem*.26:387-395

Tarafdar,J.C,Roy,A.Ve Praveen Kumar.(1992). *Biol.Fertil.Soils.*13;35-38.

Tari C, Ogus NG, Tokatli F (2006). Otimização da biomassa, do tamanho dos pellets e da produção de poligalacturonase por *Aspergillus sojae* ATCC 20235 utilizando a metodologia de superfície de resposta, *Enzyme and Microbial Technology* 40 1108-1116.

Tari C, Ogus NG, Tokatli F (2006). Otimização da biomassa, do tamanho dos pellets e da produção de poligalacturonase por *Aspergillus sojae* ATCC 20235 utilizando a metodologia de superfície de resposta, *Enzyme and Microbial Technology* 40 1108-1116.

Taylor, S. A., e G. L. Ashcroft. 1972. Edafologia física

Taylor, S. A., e G. L. Ashcroft. 1972. Edafologia física McCarty, David. 1982. Essentials of Soil Mechanics and Foundations (Fundamentos da Mecânica dos Solos e Fundações)

Teeri T, Koivula A (1995). Degradação da celulase por celulases fúngicas nativas e projectadas. Carbohydr. *Eur.*, 12: 28-33.

Teeri T, Koivula A (1995). Degradação da celulase por celulases fúngicas nativas e projectadas. Carbohydr. *Eur.*, 12: 28-33.

Tejesvi M V; Mahesh B; Nalini M S; Prakash H S; Kini K R; Shetty H S (2006). Conjuntos de fungos endófitos de árvores medicinais de importância etanofarmacêutica. *Can. J. Microbiol.* 52: 427-435.

Tejesvi M V; Mahesh B; Nalini M S; Prakash H S; Kini K R; Shetty H S (2006). Conjuntos de fungos endófitos de árvores medicinais de importância etanofarmacêutica. *Can. J. Microbiol.* 52: 427-435.

Thakur,S.B.1977.Survival of aquatic Hyphomycetes under dry condition Mycologia 69:843.Patil, S.D. and Kapadnis B. P.1980. Stream spora of Maharashatra. Maharashtra Vigyan Mandir Patrika, 14:59.

Thakur,S.B.1977.Survival of aquatic Hyphomycetes under dry condition Mycologia 69:843. Patil, S.D. e Kapadnis B. P.1980. Stream spora of Maharashatra. Maharashtra Vigyan Mandir Patrika, 14:59.

Thermophilum em biomassa lignocelulósica complexa. *Enzyme Micobiol.Technol.,*28: 689-695.

Theunis W, Aguda RM, Cruz WT, Decock C, Peferoen M, Lambert B, Bottrell, DG, Gould FL, Litsinger JA, Cohen MB (1998). Isolados *de Bacillus thuringiensis* das Filipinas: distribuição no habitat, diversidade de endotoxinas e toxicidade para as brocas (Lepidoptera: Pyralidae). Bul Entomo Res. 88: 335-342.

Theunis W, Aguda RM, Cruz WT, Decock C, Peferoen M, Lambert B, Bottrell, DG, Gould FL, Litsinger JA, Cohen MB (1998). Isolados *de Bacillus thuringiensis* das Filipinas: distribuição do habitat, diversidade de endotoxinas e toxicidade para as brocas (Lepidoptera: Pyralidae). Bul Entomo Res. 88: 335-342.

Tilak KVBR, Ranganayaki N, Pal KK, De R, Saxena AK, Nautiyal CS, Mittal S, Tripathi AK, Johri BN (2005). Diversidade de bactérias que apoiam o crescimento das plantas e a saúde do solo. Curr. Sci. 89: 136-150

Tilak KVBR, Ranganayaki N, Pal KK, De R, Saxena AK, Nautiyal CS, Mittal S, Tripathi AK, Johri BN (2005). Diversidade de bactérias que apoiam o crescimento das plantas e a saúde do solo. Curr. Sci. 89: 136-150

Tilman, D. 1982. Resource competition and community structure. Princeton University Press, Princeton, New Jersey, EUA.

Tilman, D. 1982. Resource competition and community structure. Princeton University Press, Princeton, New Jersey, EUA.

Tilman, D. 1987. Secondary succession and the pattern of plant dominance along experimental nitrogen gradients. *Ecological Monographs* 57:189-214.

Tilman, D. 1987. Secondary succession and the pattern of plant dominance along experimental nitrogen gradients. *Ecological Monographs* 57:189-214.

Tilman, D., D. A. Wedin, e J. Knops. 1996. Productivity and sustainability influenced by biodiversity in grassland ecosystems. *Nature* 379:718-720.

Tilman, D., D. A. Wedin, e J. Knops. 1996. Productivity and sustainability influenced by biodiversity in grassland ecosystems. *Nature* 379:718-720.

Tilman, D., J. Knops, D. A. Wedin, P. Reich, M. Riche, e E. Seaman. 1997. The influence of functional diversity and composition on ecosystem processes. *Science* 227:1300- 1302.

Tilman, D., J. Knops, D. A. Wedin, P. Reich, M. Riche, e E. Seaman. 1997. The influence of functional diversity and composition on ecosystem processes. *Ciência* 227:1300- 1302

Tilman, D., P. Reich, J. Knops, D. Wedin, T. Mielke e C. Lehman. 2001. Diversity and productivity in a long-term grassland experiment. *Science* 294:843-845.

Tilman, D., P. Reich, J. Knops, D. Wedin, T. Mielke e C. Lehman. 2001. Diversity and productivity in a long-term grassland experiment. *Science* 294:843-845.

Tunga R e Tunga BS. Produção de amilase extracelular por *Aspergillus oryzae* em fermentação em estado sólido. *Centro Internacional de Bioquímica*, Universidade de Olaka, Japão. 2003; 12

Ueda S (1981). Gluco-amilases fúngicas e digestão de amido cru. TIBS pp. 89-90.

Ueno S, Miyama M, Ohashi Y, Izumiya M, Kusaka I. Produção de enzimas secretoras e conidiação de *Aspergillus oryzae* em cultura líquida submersa. *Appl. Microbiol. Biotechnol.* 1987; 26: 273-276.

Umamaheswari, A. Nuni, R. Shreevidya, Avaliação da atividade antibacteriana das folhas de *Boerhaavia diffusa* L., Inter. J. Green Pharmacy, 75-78, abril-junho de 2010.

Underkofler LA, Danault LJ, Hou EF (1965). Enzimas na indústria do amido Die Starke 17: 179-184.

V.C. Mbatchou , S. Abdullatif e R. Glover, Phytochemical Screening of Solvent Extracts from *Hyptis suaveolens* LAM for Fungal Growth Inhibition . Jornal de Nutrição do Paquistão 9 (4): 358-361, 2010.

V.C. Mbatchou , S. Abdullatif e R. Glover, Phytochemical Screening of Solvent Extracts from *Hyptis suaveolens* LAM for Fungal Growth Inhibition . Jornal de Nutrição do Paquistão 9 (4): 358-361, 2010.

V.S.Chavan (2011), Diversidade de esporos de fungos em campos de arroz (*oryza sativa* l.) Indian *Streams Research Journal,* Vol.1, Issue.IX/Sept 11pp.1-4

V.S.Chavan (2011), Diversidade de esporos de fungos em campos de arroz (*oryza sativa* l.) Indian *Streams Research Journal,* Vol.1, Issue.IX/Sept 11pp.1-4

V.Suneetha (2011) Screening, Characterisation and Optimization of Microbial Pectinase Soil Enzymology,*Soil Biology-22*,G.Shukla and A.Varma (eds) Springer-Verlag BerlinHeidelberg 1 329-337.

V.Suneetha (2011) Screening,Characterisation and Optimization of Microbial Pectinase, Soil Enzymology,Soil Biology-22,G.Shukla and A.Varma (eds) Springer-Verlag BerlinHeidelberg 1 329-337.

V.Suneetha (2011) Screening,Characterisation and Optimization of Microbial Pectinase, Soil Enzymology, Soil Biology-22, G.Shukla e A.Varma (eds) Springer-Verlag BerlinHeidelberg 1 329-337.

V.Suneetha (2011) Screening, Characterisation and Optimization of Microbial Pectinase Soil Enzymology,*Soil Biology-22*,G.Shukla and A.Varma (eds) Springer-Verlag BerlinHeidelberg 1 329-337.

Vagi, E., Simandi, B., Suhajda, A. e Hethelyi, E. 2005. Composição do óleo essencial e atividade antimicrobiana dos extractos *de Origanum majorana* L. obtidos com álcool etílico e dióxido de carbono supercrítico. Food Res. Int. : 51-57.

Vagi, E., Simandi, B., Suhajda, A. e Hethelyi, E. 2005. Composição do óleo essencial e atividade antimicrobiana dos extractos *de Origanum majorana* L. obtidos com álcool etílico e dióxido de carbono supercrítico. Food Res. Int. : 51-57

Van Der Nat, J.M., J. Klerx, H. Van Dijk, K.T. De Silva e R.P. Labadie, 1987. Actividades imunomoduladoras de um extrato aquoso da casca do caule de Azadirachta indica. *Journal of Ethnopharmcology*, 19: 125-1231.

Van Der Nat, J.M., J. Klerx, H. Van Dijk, K.T. De Silva e R.P. Labadie, 1987. Actividades imunomoduladoras de um extrato aquoso da casca do caule de Azadirachta indica. *Journal of Ethnopharmcology*, 19: 125-1231.

van Elsas JD, Trevors JT. 1997. *Modern SoilMicrobiology*. Nova Iorque: Marcel Dekker

van Elsas JD, Trevors JT. 1997. *Modern SoilMicrobiology*. Nova Iorque: Marcel Dekker

Van Lenen JM, Smith MB (1968). Patente dos EUA 3, 418, 211.

van Os GJ, van Ginkel JH. 2001. Supressão da podridão radicular *de Pythium* em Iris bulbosa em relação à biomassa e à atividade da microflora do solo. *Soil Biol. Biochem.* 32:1447-54 van Os GJ, van Ginkel JH. 2001. Supressão da podridão radicular *de Pythium* em Iris bulbosa em relação à biomassa e à atividade da microflora do solo. *Soil Biol. Biochem.* 32:1447-54

Van Scholl, Laura; Smits, Mark M. & Hoffland, Ellis (2006), "Ectomycorrhizal weathering of the soil minerals muscovite and hornblende", New Phytologist 171 (4): 805814.

Van-Elsas, J.D., Janssen, J.K. & Trevors, J.T. 2007. *Microbiologia Moderna do Solo*. 2 nd ed. CRC Press, Florida. 646pp.

Van-Elsas, J.D., Janssen, J.K. & Trevors, J.T. 2007. *Microbiologia Moderna do Solo*. 2 nd ed. CRC Press, Florida. 646pp.

Varalakshmi KN, Kumudini BS, Nandini BN, Solomon J, Suhas R, Mahesh B e Kavitha AP. Produção e caraterização de α-amilase de *Aspergillus niger* JGI 24 isolado em Bangalore. Jornal Polaco de Microbiologia, 2009; 58: 29-36.

Varga J, Juhasz A, Kevei F, Kozakiewicz Z (2004). Diversidade molecular de espécies de Aspergillus de importância agrícola. *Jornal Europeu de Patologia Vegetal* 110: 627-640.

Varga J, Juhasz A, Kevei F, Kozakiewicz Z (2004). Diversidade molecular de espécies de Aspergillus de importância agrícola. *Jornal Europeu de Patologia Vegetal* 110: 627-640.

Venugopal Rao, K., N.K. Rao e C. Manoharachary (1984). Thermophilic fungi from forest soils of Andhra Pradesh (Fungos termofílicos de solos florestais de Andhra Pradesh). *Indian Botanical Report* 3(2): 158.

Venugopal Rao, K., N.K. Rao e C. Manoharachary (1984). Thermophilic fungi from forest soils of Andhra Pradesh (Fungos termofílicos de solos florestais de Andhra Pradesh). *Indian Botanical Report* 3(2): 158.

Venugopal, P.V. e T.V. Venugopal, 1994. Atividade antidermatofítica das folhas de neem (Azadirachta indica) in vitro. *Indian J. Pharmocol*, 26: 141-143.

Venugopal, P.V. e T.V. Venugopal, 1994. Atividade antidermatofítica das folhas de neem (Azadirachta indica) in vitro. *Indian J. Pharmocol*, 26: 141-143.

Verma, V.C. e R.N. Kharwar, 2006. Eficácia dos extractos de folhas de nim contra o seu próprio fungo endófito *Curvularia lunata. Jour. of Agric. Technol.* 2: 329-353.

Verma, V.C. e R.N. Kharwar, 2006. Eficácia dos extractos de folhas de nim contra o seu próprio fungo endófito *Curvularia lunata. Jour. of Agric. Technol.* 2: 329-353.

Vihinen, M. e Mantsala, P. (1990) Caracterização de uma a-amilase termoestável *de Bacillus Stearothermophilus. Biotechnol ApplBiochem* 12, 427-435.

Vihinen, M. e Mantsala, P. (1990) Caracterização de uma a-amilase termoestável *de Bacillus stearothermophilus. Biotechnol Appl Biochem* 12, 427-435.

Vihinen, M.; Mantsala, P. Microbial amylolytic enzymes. Crit. Rev. Biochem. Mol. Biol., 24, 329-418, 1989

Vihinen, M.; Mantsala, P. Microbial amylolytic enzymes. Crit. Rev. Biochem. Mol. Biol., 24, 329-418, 1989

Villich V. 1997.Avaliação da diversidade microbiana através da utilização de ácidos gordos

análise.Dev.Plant.Pathol. 11:71-74

Villich V. 1997.Avaliação da diversidade microbiana através da utilização de ácidos gordos

análise.Dev.Plant.Pathol. 11:71-74

Vlaev, SD., Djejeva,G., Raykovska, V e Schugert, K.(1997) Cellulose production by *Trichoderma* sp. grown on corn fibre substrate. *Process Biochem*; 32, 561-5.

Vlaev, SD., Djejeva,G., Raykovska, V e Schugert, K.(1997) Cellulose production by *Trichoderma* sp. grown on corn fibre substrate. *Process Biochem*; 32, 561-5.

Voroney, R. P., 2006. The Soil Habitat in Soil Microbiology, Ecology and Biochemistry, Eldor A. Paul ed. ISBN=0-12-546807-5

Wadhwani, K., Chatterjee, S. e Srinivasan, S.K. 1992. Sobre a ecologia e o papel de diferentes comunidades de fungos em sistemas aquáticos. In: "Aquatic Ecology". (Mishra, S.R. e Saksena. D.N. Eds) pp. 1-44. 1-44, Ashish Publishing House. New Delhi.

Wadhwani, K., Chatterjee, S. e Srinivasan, S.K. 1992. Sobre a ecologia e o papel de diferentes comunidades de fungos em sistemas aquáticos. In: "Aquatic Ecology". (Mishra, S.R. and Saksena. D.N. Eds)pp. 1-44. 1-44, Ashish Publishing House. New Delhi.

Wagai, Rota; Mayer Lawrence M., Kitayama Kanehiro & Knicker Heike (2008), "Climate and parent material controls on organic matter storage in surface soils: A three- pool, density-separation approach", Geoderma 147: 23-33.

Wagh S.N., Borse, B.D. 2009. Fungos aquáticos do Norte de Maharashtra-VI. Biodiversity ustanable Development Human Welfare Proceeding of National Conference pp. 315-319.

Wagh S.N., Borse, B.D. 2009. Fungos aquáticos do Norte de Maharashtra-VI. Biodiversity ustanable Development Human Welfare Proceeding of National Conference pp. 315-319.

Wainwright M. An Introduction to Fungal Biotechnology. Chichester: Wiley; 1995.

Wainwright M. An Introduction to Fungal Biotechnology. Chichester: Wiley; 1995.

Walker TS, Bais HP, Grotewold E, Vivanco JM. 2003. Exsudação da raiz e rizosfera

Walker TS, Bais HP, Grotewold E, Vivanco JM. 2003. Root exudation and rhizosphere biology (exsudação da raiz e biologia da rizosfera). Plant Physiol. 132:44-51

Walker TS, Bais HP, Grotewold E, Vivanco JM. 2003. Exsudação da raiz e rizosfera

Walker TS, Bais HP, Grotewold E, Vivanco JM. 2003. Root exudation and rhizosphere biology (exsudação da raiz e biologia da rizosfera). Plant Physiol. 132:44-51

Wall, D. H., R. A. Virginia, *et al.,* (2000). "O mundo sob os nossos pés: biodiversidade do solo e funcionamento dos ecossistemas". Natureza e sociedade humana: a busca de um mundo sustentável. Actas do Fórum sobre Biodiversidade de 1997: 225-241.

Wall, D. H., R. A. Virginia, *et al.,* (2000). "O mundo sob os nossos pés: biodiversidade do solo e funcionamento do ecossistema". Natureza e sociedade humana: a busca de um mundo sustentável. Actas do Fórum sobre Biodiversidade de 1997: 225-241.

Walsh G, 2002. Proteins: biochemistry and biotechnology. West Sussex, Inglaterra: John Wiley & Sons.

Walsh G, 2002. Proteins: biochemistry and biotechnology. West Sussex, Inglaterra: John Wiley & Sons.

Wang, B.D., D.C. Chen e T.T. Kuo, 2001. Caracterização de um mutante *de Saccharomyces cerevisiae* com fenótipo de secreção excessiva. *Appl. Microbiol. Biotechnol*, 55: 712-720.

Wang, B.D., D.C. Chen e T.T. Kuo, 2001. Caracterização de um mutante *de Saccharomyces cerevisiae* com fenótipo de secreção excessiva. *Appl. Microbiol. Biotechnol*, 55: 712-720.

Wang, Y., Z.S. Zhang, J.S. Ruan, Y.M. Wang e S.M. Ali, 1999. Investigação da diversidade de ctinomicetos nas florestas tropicais de Singapura. J. Ind. Microbiol. Biotechnol., 23: 178-187.

Wang, Y., Z.S. Zhang, J.S. Ruan, Y.M. Wang e S.M. Ali, 1999. Investigação da diversidade de ctinomicetos nas florestas tropicais de Singapura. J. Ind. Microbiol. Biotechnol., 23: 178-187.

Wardle, D. A., K. I. Bonner, e K. S. Nicholson. 1997. Biodiversity and plant litter: experimental evidence which does not support the view that enhanced species richness improves ecosystem function. *Oikos* 79:247-258.

Wardle, D. A., K. I. Bonner, e K. S. Nicholson. 1997. Biodiversity and plant litter: experimental evidence which does not support the view that enhanced species richness improves ecosystem function. *Oikos* 79:247-258.

Wardle, D. A., K. I. Bonner, G. M. Barker, G. W. Yeates, K. S. Nicholson, R. D. Bardgett, R. N. Watson e A. Ghani. 1999. Plant removals in perennial grassland: vegetation dynamics, decomposers, soil biodiversity, and ecosystem properties. *Ecological Monographs* 69:535-568.

Wardle, D. A., K. I. Bonner, G. M. Barker, G. W. Yeates, K. S. Nicholson, R. D. Bardgett, R. N. Watson e A. Ghani. 1999. Plant removals in perennial grassland: vegetation dynamics, decomposers, soil biodiversity, and ecosystem properties. *Ecological Monographs* 69:535-568.

Wardle, D.A. & Giller, K.E. 1996. A procura de uma dimensão ecológica contemporânea para a biologia do solo - Discussão. *Soil Biology and Biochemistry*, 28, 1549-1554.

Wardle, D.A. & Giller, K.E. 1996. A procura de uma dimensão ecológica contemporânea para a biologia do solo - Discussão. *Soil Biology and Biochemistry*, 28, 1549-1554.

Wasser, S.P. e A. Weis, 1999. Propriedades medicinais de substâncias que ocorrem em cogumelos basidiomicetos superiores: perspectivas actuais (revisão), *Int. J. Medicin.Mushrooms*, 1: 31-62.

Wasser, S.P. e A. Weis, 1999. Propriedades medicinais de substâncias que ocorrem em cogumelos basidiomicetos superiores: perspectivas actuais (revisão), *Int. J. Medicin.Mushrooms*, 1: 31-62.

Wei, D.L., K. Kohtaro, U. Shoji e L.T. Hui. 1996. Purificação e caraterização de uma β-glucosidase extracelular do fungo *Xylaria regalis* cultivado em madeira. *Current Microbiol*, 33: 297-301.

Weir TL, Park SW, Vivanco JM. 2004. Mecanismos bioquímicos e fisiológicos mediados por aleloquímicos. Curr. Opin. Plant Biol. 7:472-79

Weir TL, Park SW, Vivanco JM. 2004. Mecanismos bioquímicos e fisiológicos mediados por aleloquímicos. Curr. Opin. Plant Biol. 7:472-79

Weir TL, Park SW, Vivanco JM. 2004. Mecanismos bioquímicos e fisiológicos mediados por aleloquímicos. Curr. Opin. Plant Biol. 7:472-79

White, D. C., W. M. Davis, J. S. Nickels, J. D. King e R. J. Bobbie. 1979. Determinação da biomassa microbiana sedimentar por fosfato lipídico extraível. *Oecologia* 40: 51-62.

White, D. C., W. M. Davis, J. S. Nickels, J. D. King e R. J. Bobbie. 1979. Determinação da biomassa microbiana sedimentar por fosfato lipídico extraível. *Oecologia* 40: 51-62.

Whitely HR, Schepf HE (1986). A biologia molecular da formação de corpos cristalinos parasporais em *Bacillus thuringiensisAnn. Rev. Microbiol.* 40: 549-576.

Whitely HR, Schepf HE (1986). A biologia molecular da formação de corpos cristalinos parasporais em *Bacillus thuringiensisAnn. Rev. Microbiol.* 40: 549-576.

OMS. Diretrizes gerais para as metodologias de investigação e avaliação da medicina tradicional, Genebra, Suíça. 2000, pp1-80.

Wicklow. D.T e Carroll, G.C. 1981. The Fungal Community Its organization and role in the ecosystem. Marcel Dekker Inc.

Wicklow. D.T e Carroll, G.C. 1981. The Fungal Community Its organization and role in the ecosystem. Marcel Dekker Inc.

Williams ST, Vickers JC (1988). Deteção de actinomicetos no ambiente natural - problemas e perspectivas. Em Okami Y, Beppu T e Ogawara H. (eds.). Biology of actinomycetes ' 88. Japan Scientific Societies Press, Tóquio. pp. 165-270.

Williams ST, Vickers JC (1988). Deteção de actinomicetos no ambiente natural - problemas e perspectivas. Em Okami Y, Beppu T e Ogawara H. (eds.). Biology of actinomycètes ' 88. Japan Scientific Societies Press, Tóquio. pp. 165-270.

Williams ST, Goodfellow M, Alderson G (1989). Género *Streptomyces*, Waksman e Henrici 1943.339AL. Bergey' s Manual of Systematic Bacteriology. Williams & Wilkins Company, Baltimore. 4: 2452-2492.

Williams ST, Goodfellow M, Alderson G (1989). Género *Streptomyces*, Waksman e Henrici 1943.339AL. Bergey' s Manual of Systematic Bacteriology. Williams & Wilkins Company, Baltimore. 4: 2452-2492.

Williams, S.T., 1971. Actinomycetes. Methods Microbiol, 4: 295-334.

Williams, S.T., 1971. Actinomycetes. Methods Microbiol, 4: 295-334.

Wyss, M., R. Brugger, A. Kronenberger, R. Remy, R. Fimbel, G. Oesterhelt, M. Lehman e A. Loon. 1999, Biochemical Characterization of Fungal Phytases (myoinositol hexakisphosphate phosphohidrolases: Propriedades catalíticas. *Applied and Environtmental Microbiology*, fevereiro de 1999. p 367 -373.

Xia, L., e Cen, P. (1999) Cellulase production by solid fermentation on lignocellulosic waste from the xylose mdustry, *Process Biochem.* 34, 909-912

Xia, L., e Cen, P. (1999) Cellulase production by solid fermentation on lignocellulosic waste from the xylose mdustry, *Process Biochem.* 34, 909-912.

Xu, L.H., Q.R. Li e C.L. Jiang, 1996. Diversidade de actinomicetos do solo em Yunnan, China. Applied Environ. Microbiol, 62: 244-248. PMID: 16535212

Xu, L.H., Q.R. Li e C.L. Jiang, 1996. Diversidade de actinomicetos do solo em Yunnan, China. Applied Environ. Microbiol, 62: 244-248. PMID: 16535212

Yadaf, R.S. e J.C. Taradar. 2003. Fungos produtores de fitase e fosfatase em solos áridos e semiáridos e sua eficiência na hidrólise de diferentes compostos orgânicos de P. *Soil Biology and Biochemistry* 35: 1-7.

Yamasaki Y, Tsuboi A, Suzuki Y (1977). Duas formas de glucoamilases de Mucor rouxianus: propriedades de duas glucoamilases. *Agric. Biol. Chem.* 41: 2139-2148.

Yamasaki Y, Tsuboi A, Suzuki Y. Duas formas de glucoamilase de *Mucor rouxianus*: Propriedades de duas glucoamilases, *Agric. Biol. Chem.* 1997; 41: 2139-2148.

Y ang, C.H., S.F. Yang e W.H. Liu. 2007. Produciton of xylooligosaccharfides from xylans by extracellular xylanases from *Thermobida fusca. J. Agri. Food Chem,* 55: 3955-3959.

Y ang, S., Z. Jiang, Q. Yan e H. Zhu. 2008. Caracterização de uma β-glucosdiase extracelular termoestável com actividades de exoglucanse e tranglicosilação de *Paecilomyces thermophila. J. Agri. Food. Chem.*, 56: 602-608.

Yigitogler M. Production of citric acid by fungi (Produção de ácido cítrico por fungos), *Islam J. Acael. Sci.* 1992; 5: 100106

Y oung, M.H., L.D. Gun, Y.J. Hoon, P.Y. Ha e K.Y. Jae, 2001. Purificação rápida e simples de uma nova beta-amilase extracelular de *Bacillus* sp. *Biotechnol. Letters*. 23: 1435-1438.

Young, M.H., L.D. Gun, Y.J. Hoon, P.Y. Ha e K.Y. Jae, 2001. Purificação rápida e simples de uma nova beta-amilase extracelular de *Bacillus* sp. *Biotechnol. Letters*. 23: 1435-1438.

Yuan, W.M. & Crawford, D.L. 1995 Characterization of *Streptomyceslydicus* WYEC 108 as a potential biocontrol agent against fungal root and seed rots. Applied and Environmental Microbiology 61, 3119-3128.

Yuan, W.M. & Crawford, D.L. 1995 Characterization of *Streptomyceslydicus* WYEC 108 as a potential biocontrol agent against fungal root and seed rots. Applied and Environmental Microbiology 61, 3119-3128.

Yun, S.I., C.S. Jeono, D.K. Chung e H.S. Choi. 2001. Purificação e algumas propriedades de uma β-glucosdiase de *Trichoderma harzianum* Tipo C-4. *Biosci. Biotechnol. Biochem*, 65: 2028- 2032.

Z. F. Tonzibo, Affia Brou Florence, G. Bédi e J. C. Chalchat, Composição Química do Óleo Essencial de *Hyptis Suaveolensis* (L) Poit. da Costa do Marfim . Revista Europeia de Investigação Científica, Vol.38 No.4 (2009), pp 565-5

Z. F. Tonzibo, Affia Brou Florence, G. Bédi e J. C. Chalchat, Composição Química do Óleo Essencial de *Hyptis Suaveolensis* (L) Poit. da Costa do Marfim . Revista Europeia de Investigação Científica, Vol.38 No.4 (2009), pp 565-5

Zahran HH (1997). Diversidade, adaptação e atividade da flora bacteriana em ambientes salinos. *Biol. Fert. Soil*. 25: 211-223

Zahran HH (1997). Diversidade, adaptação e atividade da flora bacteriana em ambientes salinos. *Biol. Fert. Soil*. 25: 211-223

Zak, D. R., D. F. Grigal, S. Gleeson e D. Tilman. 1990. Carbon and nitrogen cycling during secondary succession: constraints on plant and microbial biomass. *Biogeochemistry* 11:111-129.

Zak, D. R., D. F. Grigal, S. Gleeson e D. Tilman. 1990. Carbon and nitrogen cycling during secondary succession: constraints on plant and microbial biomass. *Biogeochemistry* 11:111-129.

Zak, D. R., D. Tilman, R. R. Parmenter, C. W. Rice, F. M. Fisher, J. Vose, D. Milchunas, e C. W. Martin. 1994.Plant production and soil microorganisms in late- successional ecosystems: a continental-scale study. *Ecology* 75:2333-2347.

Zak, D. R., D. Tilman, R. R. Parmenter, C. W. Rice, F. M. Fisher, J. Vose, D. Milchunas e C. W. Martin. 1994. Produção vegetal e microorganismos do solo em ecossistemas de sucessão tardia: um estudo à escala continental. *Ecology* 75:2333-2347.

Zak, D. R., W. E. Holmes, N. W. MacDonald e K. S. Pregitzer. 1999. Temperature, matric potential, and the kinetics of microbial respiration and net N mineralization in northern hardwood forests. *Soil Science Society America Journal* 63:575584.

Zak, D. R., W. E. Holmes, N. W. MacDonald e K. S. Pregitzer. 1999. Temperature, matric potential, and the kinetics of microbial respiration and net N mineralization in northern hardwood forests. *Soil Science Society America Journal* 63:575584.

Zak, J. C, M. R. Willig, D. L. Moorhead e H. G. Wildman. 1994. Functional diversity of microbial commumties: a quanthative approach. *Soil Biology and Biochemistry* 26:1101-1108.

Zak, J. C, M. R. Willig, D. L. Moorhead e H. G. Wildman. 1994. Functional diversity of microbial commumties: a quanthative approach. *Soil Biology and Biochemistry* 26:1101-1108.

Zhang YHP, Himmel ME, Mielenz JR, 2006. Perspectivas para o melhoramento da celulase: Estratégias de rastreio e seleção. *Biotechnology Advances* 24: 452-481.

Zhang YHP, Himmel ME, Mielenz JR, 2006. Perspectivas para o melhoramento da celulase: Estratégias de rastreio e seleção. *Biotechnology Advances* 24: 452-481.

Zimmer, M. 2002. Is decomposition of woodland leaf litter influenced by hs species richness? *Soil Biology and Biochemistry* 34:277-284.

Zimmer, M. 2002. Is decomposition of woodland leaf litter influenced by hs species richness? *Soil Biology and Biochemistry* 34:277-284.

Zjalic, S., M. Reverberi, A. Ricelli, V.M. Granito, C. Fanelli e A.A. Fabbri, 2006. *Trametes versicolor:* uma possível ferramenta para o controlo das aflatoxinas. Int. J. FoodMicrobiol, 7: 243-249.

Zjalic, S., M. Reverberi, A. Ricelli, V.M. Granito, C. Fanelli e A.A. Fabbri, 2006. *Trametes versicolor:* uma possível ferramenta para o controlo das aflatoxinas. Int. J. FoodMicrobiol, 7: 243-249.

Zollo, P.H.A.; Biyiti, L.; Tchoumbougnang, F.; Menut, C.; Lamaty, G.; Bouchet, P. (1998). Plantas aromáticas da África Central tropical. Parte XXXII. Composição química e atividade antifúngica de treze óleos essenciais de plantas aromáticas dos Camarões. Flav. Fragr. J., 13: 107-114.

Zollo, P.H.A.; Biyiti, L.; Tchoumbougnang, F.; Menut, C.; Lamaty, G.; Bouchet, P. (1998). Plantas aromáticas da África Central tropical. Parte XXXII. Composição química e atividade antifúngica de treze óleos essenciais de plantas aromáticas dos Camarões. Flav. Fragr. J., 13: 107-114.

Amilases

Abdul Baki, Anderson (1973). Determinação do vigor em sementes de soja por critérios múltiplos, *Crop Sci.* 13: 630-633.

Abouzied MM, Reddy (1986). Fermentação direta de amido de batata em etanol por coculturas de *Aspergillys niger* e *Saccharomyces cerevisiae.Appl. Environ. Microbiol.* 52: 1055-1059

Abu EA, Ado SA, James DB (2005). Produção de amilase degradativa de amido cru por cultura mista de *Aspergillus niger* e *Saccharomyces cerevisae* cultivada em *bagaço de sorgo*, *Afr. J. Biotechnol.* 4(8): 785- 790.

Abu EA, Ado SA, James DB. Produção de amilase degradativa de amido cru por cultura mista de *Aspergillus niger* e *Saccharomyces cerevisae* cultivada em *bagaço de sorgo*, *Afr. J. Biotechnol* 2005; 4; 785 - 790.

Ahamed, A e P. Vermette. 2008. Estratégias baseadas em culturas para melhorar a produção da enzima celulase de *Trichoderma reesei* RUT-C30 em condições de cultura em bioreactor. *Biochem Eng. J.*, 40: 399-407.

Ahmed, S., A. Jabeen e A. Jamil. 2007. Xylanase from *Trichoderma harzianum*: Enzyme

Ahmed, S., N. Aslam, F. Latif, M.I. Rajoka e A. Jamil. 2005. Clonagem molecular de genes de celulase de *Trichoderma harzianum*. In: Actas do 9º Simpósio Internacional de Química de Produtos Naturais, Frontiers in Natural Product Chemistry. Vol 1, (Eds.): Atta-urRehman, I. Choudhary, M. Khan. pp. 73-75. Bentham Science Publishers Ltd. Países Baixos.

Akpan I, Bankjole MO, Adesermowo AM e Lantunde-Data. Produção de α-amilase por *Aspergillus niger* num meio sólido barato utilizando farelo de arroz e material agrícola. *Trop.sci* 1999; 39; 77-79.

Akpan I, Bankole MO, Adesemowo AM, Latunde-Dada GO (1999b). Produção de amilase por *A. niger* num meio sólido barato utilizando banda de arroz e materiais agrícolas. *Trop. Sci.* 39: 77-79.

Ali, S., S. Ahmed, M.A. Sheikh, Abu Saeed Hashmi, M.I. Rajoka e A. Jamil. 2009. Produção de lisina por mutante resistente à L-homoserina de Brevibacterium flavum. *J. Chem. Soc. Pak.,* 31: 97-102.

Alva *et al.,* 581 Raimbault M (1998). Aspectos gerais e microbiológicos da fermentação em estado sólido. Electron. *J. Biotechnol.* 1: 1-20.

Alva S, Anupama J, Salva J, Chiu YY, Vyshali P, Shruthi M, Yogeetha BS, Bhavya D, Purvi J, Ruchi K, Kumudini BS e Varalakshmi KN. Produção e caraterização da enzima amilase fúngica isolada de *Aspergillus* sp. JGI 12 em cultura de estado sólido. *Revista Africana de Biotecnologia* 2007; 6: 576 - 581.

Amouri, B e A. Gargouri. 2006. Caracterização de uma nova β-glucosidase de uma *estirpe de Stachybotrys. Biochem. Eng. J.*, 32: 191-197.

Anupama e Ravindra P, Estudos sobre a produção de proteína unicelular por *Aspergillus niger* em fermentação em estado sólido de farelo de arroz. *Braz. Arc. Biol. Tec* 2001; 44: 7988

Banks W, Greenwood (1975). Starch and its components. Edinberg University Press.

Bara, M.T.F., A.L. Lima e C.J. Ulhoa. 2003. Purificação e caraterização de uma exo- β-1,3-glucanase produzida por *Trichoderma asperellum. FEMS Microbiol. Lett.*, 219: 81-85.

Barbesgaard P, Heldt-hansen HP, Diderichsen B (1992). Mini-revista. Sobre a segurança de *Asperigilus oryzae. Appl Mcirobiol Biotechnol.* 36: 569-572.

Bergman FW, Abe J, Hizukurji S (1988). Seleção de microrganismos que produzem amilase degradativa de amido cru. *Microbiologia Aplicada. Biotechnol.* 27: 443-446

Bergmann FW, Abe J, Hizukuri S (1988). Seleção de microrganismos que produzem amilases degradativas de amido cru. *Appl. Microbiol. Biotechnol.* 27: 443-446.

Bergmann FW, Abe J, Hizukuri S. Seleção de microrganismos que produzem amilases degradativas de amido cru. *Appl. Microbiol. Biotechnol.* 1998; 287: 443-446.

Bernfeld P (1955). Amilase, a e b. *Methods Enzymol.* 1:149-1589

Bilinski e Stewart. Production and characterization of α-amylase from *Aspergillus niger*, 1995; 18: 551-556.

Birch GG, Schallenberger RS(1973). Configuration, conformation and the properties of food sugars. Em Molecular structure and function of food carbohydrate. Birch G.G e Green LF (ed). London. *Applied Science*. pp. 9-20.

Buonocore V, Caporale C, De Rosa M, Gambacorta A (1976). A amilase termoacidofílica estável e induzível de *Bacillus acidocaldarius. J. Bacteriol.* 128: 515-521.

Buzzini e Martini. Perfis de atividade enzimática extracelular em leveduras e estirpes semelhantes a leveduras isoladas de ambientes tropicais. *Journal of Applied microbiology*. 2002; 93: 1020-1025.

Canel e Moo Young. Produção de α-amilase com *Aspergillus oryzae* em grão de cerveja usado por fermentação de substrato sólido. *Applied Biochemistry and Biotechnology*. 1980; 102: 453-461.

Carrizales V, Jaffe W (1986) Solid State fermentation an appropriate biotechnology for developing countries. Interscience, 11: 9-15.

caraterização e isolamento de genes. *Jour. Chem. Soc. Pak.*, 29: 176-182.

Chen, J.C. 1998. Novo método de seleção de microrganismos extracelulares produtores de fitase. *Biotech. Tech.* 12: 759-761.

Cookson, P. 2002. Variação da atividade da fosfatase no solo: um estudo de caso. *Agric. Sci.* 7: 65-72.

Costa J. Estudo da produca de amiloglucosidase por *Aspergillus niger* NRRI.3122 em fermentacao, semi-solida de FArelo de Arroz. Tese (Doutorado em Engenharia de Alimentos), Unicamp, São Paulo, 1996; 203.

Dick, R.P. 1997. Actividades enzimáticas do solo como indicadores integrativos da saúde do solo. p.121-156. In; Pankhurst, B,M, Doube e Gupta, V.V.S.R. (ed.). Biological Indicators of soil health (Indicadores biológicos da saúde do solo). CAB International.

Djordjevic, S., D. Djukic, M. Govedarica, N. Milosevic, e M. Jarak. 2003. Efeitos das propriedades químicas e físicas do solo na atividade da fosfomonoesterase. Ata Agriculturae Serbica, Vol. VIII, 16 :

3 - 10.

Ely Nahas, Mirela, Waldermarin. Controlo da produção de uma milase e caraterísticas de crescimento de *Aspergillus ochraceus*. 2002; 44: 4-10.

Fisher EH, Stein EA. (1960). a-Amylase, In: The Enzyme. 2 nd de. Academic Press Inc. Nova Iorque. pp. 313-143.

Fitriatin, B.N., T. Subroto, e B. Joy. 2008. A Influência do Substrato de Fósforo Orgânico na Atividade da Fosfatase dos Micróbios do Solo. Seminário Internacional de Química. 30-31 de outubro, Indonésia.

Fogarty WM e Kelly CT. Amylase, amyloglucosidase and related glucanases. In; Microbial enzymes and bioconversions, Rose, A.H (Ed). Academic Press, Londres. 1980; 115-170

Forgarty WM e Kelly CT. Enzimas de degradação do amido de origem microbiana. In: Bull AH (ed). Progress in industrial microbiology, Elsevier, Amesterdão, 1979; 15: 87-150.

Friendrich J, Cimerman A, Perdih A (1987). Cultura mista de *Aspergillus awamori* e *Trechoderna reesi* para bioconversão de resíduos de destilaria de maçã. *Appl.Microbiol. Biotechnol*. 26: 299-305

George, T.S., P.J. Gregory, M. Wood, D. Read e R.J. Buresh. 2002. Atividade da fosfatase e ácidos orgânicos na rizosfera de potenciais espécies agroflorestais e milho. *Soil Biology and Biochemystry* 34 : 1487-1494.

Gill-stores, Tasar-Cepeda, B. Turner e A. Oberson. 2001. Revisão de conceitos e descrição de processos sobre mecanismos biológicos. McLaughlin, MJ., T.G. Baker, T.R. James, e J.A. Rundle, 1990. Distribuição e formas de fósforo e alumunium em solos ácidos sob pastagens no sudeste da Austrália. *Australian Journal of Soil Reasearch* 28 : 371-385.

Got CE, Barbosa EP, Kistner LCI, GAndra RF, Arrias VL e Peralta RM. Produção de amilase por *Aspergillus fumigatus*. *Revista de Microbiologia*, 1998; 28: 99103.

Griffin PJ , Fogarty W M (1973).Observação preliminar do sistema de degradação de amido elaborado por *Bacillus polymyxa*. *Biochem. Soc.* Trans.1 : 397-400

Gupta A, Gupta VK, Modi DR, YAdava LP. Produção e caraterização de α- amilase de *Aspergillus niger*. *Biotecnologia* 2008; 7: 551-556.

Hattori F (1984). Patente japonesa n.º 1203977, Japan Kokai Tóquio. Koho. 51-44652

Hayashida S, Teamoto Y, Inove T. Produção e caraterísticas da amilase digestora de amido de batata crua de *Bacillus subtilis*. 65. *Appl. Environ. Microbiol*. 1998; 54: 1516-1522.

Hayashida S, Teramoto Y, Inove T (1988) Produção e caraterísticas da a-amilase digestora de amido de batata crua de *Bacillus subtilis* 65. *Appl. Environ. Microbiol*. 54:1516-1522.

Hernandez MS, Marilu RR, Nelson PG e Renato PR. Produção de amilase por *Aspergillus niger* em cultivo submerso em dois resíduos de indústrias alimentícias. *J. Food Eng*. 2006; 73: 93-100.

Ikenebomeh MJ e Chikundu AE. Produção de biomassa *de Aspergillus niger* em meio de soro de mandioca, Nig. *J. Microbiol*, 1997; 11: 52- 63.

Jamuna R, Radhakrishna SV (1989). Produção de SCP e remoção de carga orgânica da indústria de amido de mandioca por leveduras. *J. Ferment. Bioengg.* 67: 126-131.

Kathiresan K e Manivannan S. Produção de amilase por *Penicillium fellutanum* isolado do solo da rizosfera de mangais. *Revista Africana de Biotecnologia*. 2006; 5: 829832.

Kingspohn K, Bader J, Kruse PV , Schugerl K (1993). Utilização da polpa de batata proveniente da transformação da fécula de batata. *Proc. Biochem.* 28: 91-98

Kundu AK, DAs S, Gupta TK. Influence of culture and nutritional conditions on the production of amylase by the submerged culture of Aspergillus oryzae. *J. Ferment. Technol.* 1973; 51: 142-150.

Lowry OH, Rosebrough NJ, Farr AL, Randall RJ (1951). Medição de proteínas com os reagentes Folin-Phenol. *J. Biol. Chem.* 48: 17-25.

Madsen GB, Norman BE, Slott S(1973). Uma nova amilase bacteriana estável ao calor e a sua utilização na liquefação do amido a alta temperatura. Die Starke. 25: 304-308

Miller GL (1959). Utilização do reagente de ácido dinitro salicílico para a determinação de açúcares redutores. *Anal. Chem.* 31:426-429

Mitchell DA, Lonsane BK (1990). In: General principles of Solid State fermentation, Monogram, ed by Doelle HW, Rolz C. Publication of Oxford London.

Mitidieri S, MArtinelli SAH, Augusto S e Marilene HV. Formulação de detergente enzimático contendo amilase de *Aspergillus niger*: Um estudo comparativo com formulações comerciais de detergentes. *Bioresour. Technol.* 2006; 97: 1217-1224.

Mukerjee SK e Majumdar SK. Produção fermentativa de alfa amilase *por Aspergillus flavus. Indian J. Exp. Biol.* 1993; 11: 436-438.

MyrbrackK , Neumuller G(1950). in Sumner, JB, Myrbrack K (eds). The enzyme : chemistry and mechanisms of action 1 st ed Vol.1 *Academic Press*, New York.

Nandakumar MP, Thakur MS, Raghavarao KSMS e Ghildayal NP. Estudos sobre a repressão de catabolitos na fermentação em estado sólido para a biossíntese de amilases fúngicas. Lett. *Appl. Microbiol.* 1999; 29: 380-384.

Nigam. P. and Singh D. Enzymes and microbial enzymes involved in starch processing enzymes *Microb. Technol.* 1995; 17: 770-778.

Niranjane, A.P., P. Madhou e T.W. Stevenson. 2007. O efeito de fontes de carbono de hidratos de carbono na produção de celulase por *Phlebia gigantean. Enzyme Microbial Technol*, 40: 1464-1468.

Noronha, E.F., A. Kipnis, A.P.J. Kipinis e C.J. Ulhoa. 2000. Regulação da síntese de 36 kDa 1-3 glucanase em *Trichoderma harzianum. FEMS Microbiol Lett.*, 188: 19-22.

Ogel, Z.B., K. Yarangumeli, H. Du e J. Ifrij. 2001. Cultivo submerso de *Scytalidium thermophilum* em biomassa lignocelulósica complexa. *Enzyme Micobiol. Technol.*, 28: 689-695.

Pandey A, Nigam P, Selvakumar P, Soccol CR (1999). Fermentação em estado sólido para a produção de enzimas industriais. *Curr. Sci.* 77:149-162.

Pandey A, Nigam P, Soccol VT, Singh D, Mohan R (2000b). Advances in microbial amylases, Biotechnol. *Appl. Biochem.* 31:135-152.

Pandey A, Selvakumar P e Ashakumary L. Glucose production by Aspergillus niger on rice barn is improved by addition of nitrogen sources. *World J. Microbiol. Biotechnol.* 1994; 10: 348-349.

Pandey A, Soccol CR , Nigam P, Brand D, Mohan R, Roussoss S (2000c). Biotechnology potential of agroindustrial residues, Part II. Cassava bagasse. *Biores. Technol.* 74: 81-87.

Pandey A, Soccol CR, Mitchell D (2000a). New developments in solid state fermentation, *Process Biochem.* 35: 1153-1169.

Pandey A, Soccol CR, Rodriguez-Leon J, Nigam P (2001). Solid state fermentation in Biotechnology, (*Asia Tech Publishers,* Delhi), pp. 1- 221.

Pandey A, Webb C, SOccol CR, LArroche C. Casca de arroz como substrato para a produção de enzimas proteolíticas. Enzyme Technology, Nova Deli: Asiatech Publishers, Inc. 2005; 197.

Pandey A. Aspects of fermenter design for solid state fermentation. *Process Biochemistry*, 1990; 26; 335-361.

Pederson H e Neilson J. The influence of nitrogen sources on alpha amylases productivity of *Aspergillus oryzae* in continuous cultures. *Appl. Microbiol. Biotechnol.* 2000; 53: 278-281.

Pitson, S.M., R.J. Seviour e M.B. Mcdougall. 1997. Purificação e caraterização de uma β-glucosidase extracelular do fungo filamentoso *Acremonium persicinum* e seu provável papel na degradação do β-glucano. *Enzyme Microbial. Technol.*, 21: 182-190. Purificação dos principais componentes das celulases de uma estirpe mutante de *Trichoderma viride*

Pushalkar, S., K.K. Rao e K. Menon. 1995. Produção de beta-glucosidase por *Aspergillus terrus. Current Microbiol*, 30: 255-258.

Rahardjo YSP, Weber FJ, Haemers S, Tramper J, Rinzema A(2005). Os micélios aéreos de *Aspergillus oryzae* aceleram a produção de α-amilase num modelo de sistema de fermentação em estado sólido. *Enzyme Mcirob Technol.* 36: 900-902.

Rauscher, R., E. Wurleitner, C. Wacenovsky, N. Aro, A.R. Stricker, S. Zelinger, C.P. Kubicek, M. Penttila e R.L. Mach. 2006. Trancriptinal regualtion fo xyn1, encoding xylansse 1 in *Hypocrea jecorina. Eukaroytic Cell*, 5: 447: 456.

Richardson, A.E., P.A. Hadobas, J.E. Hayes, C.P. O'Hara, e R.J. Simson. 2001. A utilização de fósforo por plantas de pastagem fornecidas com hexafosfato de mio-inositol é reforçada pela presença de microorganismos do solo. *Plant Soil* 22 : 47-56.

Rodriguez, I.A., C.P. Escobedo, M.G.Z. Paramo, E.L. Romero e H.C. Camacho. 2005. Degradação da celulose pelo fungo patogénico do feijão *Colletotrichum lindemuthianum*. Produção de enzimas celulolíticas extracelulares por indução de celulose. Antonie van Leeuwenhock, 87: 301-310.

Saadia, M., S. Ahmed e A. Jamil. 2008. Isolamento e clonagem do gene cre1 de um fungo filamentoso *Trichoderma harzianum*. *Pak. J. Bot.*, 40: 421-426.

Sadhukhan RK, Manna S, Roy SK e Chacrabarty SL. Enzima amilase amilolítica termoestável de um fungo celulolítico *Myceliophthora thermophilia* D14 (ATCC 48104). *Appl. Microbiol. Biotechnol.* 1990; 33: 692-696.

Saleem, F., S. Ahmed e A. Jamil. 2008. Isolamento de um gene de degradação de xilano da biblioteca de ADN genómico de um fungo termofílico *Chaetomium thermophile* ATCC 28076. *Pak. J. Bot.*, 40: 1225-1230.

Sa-Pereira, P., H. Paveia, M. Costa-Ferreira e M.R. Aires-Barros. 2003. Um novo olhar sobre as xilanases: Uma visão geral das estratégias de purificação. *Mol. Biotechnol.*, 24: 257-281.

Sarapatka, B. 2002. Atividade de fosfatase de cambissolos Eutric (uppland, Suécia) em relação às propriedades do solo e sistemas agrícolas. Artigo original publicado em Ata-Agric. *Bohemica*, 33: 18-24. 2003. Actividades das fosfatases (ACP, ALP) em solos de agroecossistemas. Tese de doutoramento. Universidade Sueca de Ciências Agrícolas.

Sarapatka, B., Dudova e M. Krskova. 2004. Efeito do pH e do fornecimento de fosfato na atividade da fosfatase ácida em raízes de cereais. *Biologia, Bratislava,* 59: 127-131.

Schinner, F., R. Oninger, E. Kandeler e R. Margesin. 1996. Methods in Soil Biology. Springer-Verlag. Berlim Heidelberg-Jerman.

Schokker EP, Van Boekel AJS (1999). Cinética da inativação térmica da proteinase extracelular de *Pseudomonas fluorescens* 22F, Influência do pH, Cálcio e proteína. J. *Agric. Food Chem.* 47: 1681 - 1686.

Shallom, D. e Y. Shoham. 2003. Microbial Hemicellulases. *Curr. Opin. Microiol.*, 6: 219-28.

Shamala, T.R. e K.R. Sreekantiah. 1985. Produção de celulases e D-xilanase por alguns isolados fúngicos selecionados. *Enzyme Microbial. Technol.*, 8: 178-182.

Sing, S., J.K. Brar, D.K. Sandhu e A. Kaur. 1996. Isozyme polymorphism of cellulases in *Aspergillus terreus. J Basic Microbiol*, 36: 289-296.

Soccol CR. Physiologie et Metabolism de *Rhizopus* en cultutre solide et submerge en relation avec la degradation d'Amidon et la Production d'Acide L (+) Lactique, these de doctorate, Universite de technologie de campiegne, France, 1992; 218.

Sonjoy S, Bill Bex, Houston KH. Atividade celular de *Trichoderma ressei* (RUT- C30) em resíduos sólidos urbanos. *Appl. Biochem. Biotechnol.* 1995; 15: 145-153.

Suganthi. R. *et al. /International Journal of Engineering Science and Technology (*IJEST) ISSN : 0975-5462 Vol. 3 No. 2 Feb 2011 1760

Sugimoto K (1977). Denpunkagaku Handbook, Asakura, Tóquio. pp. 450-461.

T 100-14. *Bioresour. Technol.*, 99: 6826-6833

Tunga R e Tunga BS. Produção de amilase extracelular por *Aspergillus oryzae* em fermentação em estado sólido. *Centro Internacional de Bioquímica*, Universidade de Olaka, Japão. 2003; 12

Ueda S (1981). Glucoamilases fúngicas e digestão de amido cru. TIBS pp. 89-90.

Ueno S, Miyama M, Ohashi Y, Izumiya M, Kusaka I. Produção de enzimas secretoras e conidiação de Aspergillus *oryzae* em cultura líquida submersa. *Appl. Microbiol. Biotechnol.* 1987; 26: 273-276.

Underkofler LA, Danault LJ, Hou EF (1965). Enzimas na indústria do amido Die Starke 17: 179-184.

Van Lenen JM, Smith MB (1968). Patente dos EUA 3, 418, 211.

Varalakshmi KN, Kumudini BS, Nandini BN, Solomon J, Suhas R, Mahesh B e Kavitha AP. Produção e caraterização de α-amilase de *Aspergillus niger* JGI 24 isolado em Bangalore. Jornal Polaco de Microbiologia, 2009; 58: 29-36.

Wei, D.L., K. Kohtaro, U. Shoji e L.T. Hui. 1996. Purificação e caraterização de uma β-glucosidase extracelular do fungo *Xylaria regalis* cultivado em madeira. *Current Microbiol. 33:* 297-301.

Wyss, M., R. Brugger, A. Kronenberger, R. Remy, R. Fimbel, G. Oesterhelt, M. Lehman e A. Loon. 1999, Biochemical Characterization of Fungal Phytases (myoInositol hexakisphosphate phosphohidrolases: Propriedades catalíticas. *Applied and Environtmental Microbiology*, fevereiro de 1999. p 367 -373.

Y adaf, R.S. e J.C. Taradar. 2003. Fungos produtores de fitase e fosfatase em solos áridos e semiáridos e sua eficiência na hidrólise de diferentes compostos orgânicos de P. *Soil Biology and Biochemistry* 35 : 1-7.

Yamasaki Y, Tsuboi A, Suzuki Y (1977). Duas formas de glucoamilases de Mucor rouxianus: propriedades de duas glucoamilases. *Agric. Biol. Chem.* 41: 2139-2148.

Yamasaki Y, Tsuboi A, Suzuki Y. Duas formas de glucoamilase de *Mucor rouxianus*: Propriedades de duas glucoamilases, *Agric. Biol. Chem.* 1997; 41: 2139-2148.

Y ang, C.H., S.F. Yang e W.H. Liu. 2007. Produciton of xylooligosaccharfides from xylans by extracellular xylanases from *Thermobida fusca. J. Agri. Food Chem.,* 55: 3955-3959

Y ang, S., Z. Jiang, Q. Yan e H. Zhu. 2008. Caracterização de uma β-glucosdiase extracelular termoestável com actividades de exoglucanse e tranglicosilação de *Paecilomyces thermophila. J. Agri. Food. Chem.*, 56: 602-608.

Yigitogler M. Production of citric acid by fungi (Produção de ácido cítrico por fungos), *Islam J. Acael. Sci.* 1992; 5: 100106

Y un, S.I., C.S. Jeono, D.K. Chung e H.S. Choi. 2001. Purificação e algumas propriedades de uma β-glucosdiase de *Trichoderma harzianum* Tipo C-4. *Biosci. Biotechnol. Biochem*, 65: 2028- 2032.

MIX
Papier aus verantwortungsvollen Quellen
Paper from responsible sources
FSC® C105338

Printed by Books on Demand GmbH, Norderstedt / Germany